抽水蓄能电站

CHOUSHUIXUNENG DIANZHAN

TBM SHIGONG JISHU

TBM施工技术

李富春　吴朝月　主　编

徐艳群　尚海龙　副主编

中国电力出版社
CHINA ELECTRIC POWER PRESS

内 容 提 要

近10年国内TBM设计制造及施工技术取得了长足发展，TBM作为隧洞开挖的先进施工设备已广泛应用于水利、矿山、铁路、市政交通等领域。

本书根据目前TBM设备的发展和应用状况以及抽水蓄能电站隧洞施工现状，以文登抽水蓄能电站为例，提出了抽水蓄能电站引水压力管道斜井和地下厂房布置设计及施工中应用TBM施工技术的具体方案和关键技术问题，并进行了全面的方案对比研究，分析了TBM施工技术应用的可行性和经济性，总结了抽水蓄能电站TBM施工技术应用研究的成果，可为国内待建工程提供参考。

本书适用于从事TBM施工技术和管理人员使用，其他施工技术人员可参考使用。

图书在版编目（CIP）数据

抽水蓄能电站TBM施工技术 / 李富春，吴朝月主编. —北京：中国电力出版社，2018.10
ISBN 978-7-5198-2349-8

Ⅰ. ①抽…　Ⅱ. ①李…　②吴…　Ⅲ. ①抽水蓄能水电站–工程施工　Ⅳ. ①TV743

中国版本图书馆CIP数据核字（2018）第196853号

出版发行：中国电力出版社
地　　址：北京市东城区北京站西街19号（邮政编码100005）
网　　址：http://www.cepp.sgcc.com.cn
责任编辑：杨伟国　孙建英（010-63412369）
责任校对：黄　蓓　李　楠
装帧设计：左　铭
责任印制：吴　迪

印　　刷：北京雁林吉兆印刷有限公司
版　　次：2018年10月第一版
印　　次：2018年10月北京第一次印刷
开　　本：787毫米×1092毫米　16开本
印　　张：11.5
字　　数：160千字
印　　数：0001—1000册
定　　价：90.00元

编 委 会

主　　编　李富春　吴朝月

副 主 编　徐艳群　尚海龙

编写人员　张正平　何少云　衣传宝　葛志娟

　　　　　刘传军　李前廷　张栋梁　刘　纳

前言

党的十八大以来，我国对生态文明做出了理论分析和政策指导，要求在各项工作中要全面准确贯彻落实新发展理念，坚定不移贯彻创新、协调、绿色、开放、共享的发展理念。为此，2016 年 3 月，国网新源山东文登抽水蓄能有限公司针对国内抽水蓄能电站地下洞室开挖以钻爆法为主的施工现状提出，可依托山东文登抽水蓄能电站对 TBM 自动掘进技术应用进行研究。研究的主要成果如下：

（1）对我国 TBM 设计制造企业进行了实地调研，充分了解了国内 TBM 设计制造的水平；对国内目前开工建设的 TBM 施工现场进行了调研，了解了应用 TBM 施工技术的隧洞作业面的施工及管理情况。

我国 TBM 设计制造企业通过近 10 年的努力，经历设备引进、组装制造、联合设计、创新发展等发展阶段，目前已经掌握了核心技术，并能自主设计制造，为国内工程建设大规模应用创造了条件。

国内施工企业已经拥有了庞大的 TBM 专业施工团队，形成了一系列专业的管理制度，为隧洞高效、快速施工提供了技术保障。

工程建设主体单位，对于 TBM 施工单位的管理、结算积累了丰富的应用经验，TBM 施工简化了工程建设主体单位的管理流程和人员机构，实现了现代化管理；TBM 施工技术自身安全程度提高，从技术上做到了施工过程的本质安全，降低了工程建设主体单位的安全风险管控难度。

（2）通过对工程应用实例的分析，对 TBM 施工关键技术有了充分了解。TBM 施工技术作为目前最为先进的隧洞施工技术，具有安全环保、劳动力需要量少、自动化程度高、工作强度低、施工速度快、进度保证率高的优点。但对于工程前期的勘察设计工作要求较高，工程地质条件是决定应用 TBM 施工技术的控制因素，对于不同的工程项目需要结合项目自身工程条件量身定做 TBM，并对施工过程中可能出现的问题做好预案和措施。

（3）依托文登抽水蓄能电站，根据工程建设条件，联合 TBM 设计制造企业，针对文登抽水蓄能电站开展 TBM 施工技术的应用研究。

通过对文登抽水蓄能电站拟定的交通洞和通风洞施工方案技术经济比较分析，与常规钻爆法施工交通洞和通风洞相比，TBM 施工可明显缩短工程建设工期，并随着 TBM 设备重复利用率的提高，其总投资与采用常规施工方案相比增加不大。

通过对斜井 TBM 的应用分析，TBM 作为长斜井（400m 以上）施工的设备，具有斜井偏斜率控制精确、劳动力需要量小、安全保障性高、施工速度快等优点，在抽水蓄能电站长斜井（400m 以上）施工中应用技术上可行；小直径斜井 TBM 可适应不同项目的斜井导洞施工，可重复使用，具备推广可行性。

通过对 TBM 在抽水蓄能电站施工中的应用研究，可以实现 TBM 在抽水蓄能电站交通洞、通风洞以及引水斜井施工中的应用，可较大程度的提高抽水蓄能电站施工的先进性；通过对整个工程施工方案的技术经济性比较分析，与常规施工方案相比，采用 TBM 施工方案后，工程建设总工期减少（约 6 个月），虽然工程总投资增加较多，但 TBM 施工技术具有的安全环保优势符合我国工程建设绿色施工的要求，在抽水蓄能电站整体施工中具有一定优势。

党的十八大以来国家对环境保护制定了严格的法律法规，要求全社会形成节约资源和保护环境的空间格局、产业结构、生产方式、生活方式。TBM施工技术作为替代目前抽水蓄能电站钻爆施工技术的先进施工手段，具备了充分的应用条件，TBM 施工技术的应用将促进提高国内抽水蓄能行业的整体管理水平。

为提高国内抽水蓄能电站隧洞开挖的安全性，促进抽水蓄能电站建设绿色施工，国网新源山东文登抽水蓄能有限公司组织中国电建北京勘测设计研究院有限公司将以上成果总结提炼形成本书内容。本书由李富春、吴朝月担任主编；徐艳群、尚海龙担任副主编。李富春、徐艳群、吴朝月编写了第 1 章、第 2 章；徐艳群、尚海龙编写了第 3 章、第 4 章；吴朝月、尚海龙编写了第 5 章；吴朝月、尚海龙、刘传军、李前廷、张栋梁、葛志娟、刘纳等编写了第 6 章；李富春、张正平、何少云、衣传宝、吴朝月、徐艳群、尚海龙编写了第 7 章。

因本书作者水平有限，书中难免存在不少疏漏，恳请广大读者谅解并提出宝贵意见。

编　者

2018 年 9 月

目　录

第1章

概　　述

受水电施工企业经营管理模式的制约，水电行业施工技术科技进步推动较慢，涉及行业整体性科研项目较少；随着常规水电项目的减少，抽水蓄能电站核准开工项目数量加大，对抽水蓄能电站施工关键技术设备应用研究是非常必要的。

国内抽水蓄能电站隧洞平洞开挖普遍采用“钻爆法”，斜井竖井开挖普遍采用“爬罐法”或者“反井钻法”施工，上述施工方法一直存在安全隐患多、施工工期长、劳动力投入大、作业环境差，施工效率低，对资源消耗和环境影响大的问题，但目前国内抽水蓄能电站的建设中还没有出现新的技术手段改变这一现状。

作者针对国内在抽水蓄能电站还没有与全断面隧道掘进机相关的应用和研究现状，并结合抽水蓄能电站明挖、洞挖先进施工技术应用研究，依托山东文登抽水蓄能电站对TBM自动掘进技术在平洞、引水斜井施工中的应用方案进行应用研究。

抽水蓄能电站地下厂房通风洞和交通洞施工均采用“钻爆法”施工，钻爆法施工组织简单容易，但开挖进度较慢（实际月最大开挖进度不超过150m/月），施工安全风险大，特别是在追求最大开挖进尺时施工作业面环境极差，对现场施工和管理的人员职业健康会造成很大的伤害。以往，因为通风洞交通洞为控制蓄能电站建设工期的关键项目，所以在工程施工管理过程中很容易因为进度而忽视施工安全和作业人员的劳动职业健康，所以也容易引发劳动安全事故。为此通过对自动掘进技术的应用研究将实现作业人员的施工安全和职业健康保障最高，作业环境最优，进度最快，最终实现工程建设期的整体效益最高。

此外国内已建和在建的抽水蓄能电站中，斜井或竖井开挖主要采用先开挖导井再二次扩挖的施工方法；其中长斜井的开挖又受开挖设备的限制，对于超过 400m 的斜井需要采取增加施工支洞将长斜井变成短斜井并采取爬罐或反井钻进行斜井开挖。随着近 10 年来我国 TBM 的发展，应用于长斜井中的 TBM 在国内重型装备制造企业中也有了一定的技术储备，但在国内抽水蓄能电站斜井开挖中还没有应用的先例，通过对 TBM 在抽水蓄能电站引水斜井施工中的应用研究，可为以后斜井的设计和施工方案提供技术支持，有利于优化设计和施工方案，保证工程施工安全、质量及进度，并为国内抽水蓄能电站的建设管理提供经验。

TBM 掘进技术在抽水蓄能电站中的应用研究将推动 TBM 设备在国内工程领域的应用范围，并提高国内抽水蓄能电站建设的安全性和先进性，为国内抽水蓄能电站的设计、施工和建设管理注入新的理念，引领抽水蓄能电站的建设管理方向，并将给国内抽水蓄能电站的建设带来巨大效益。

目前国内大部分抽水蓄能电站的建设均由国网控股有限公司（以下简称新源公司）管理，本次研究的成果在新源公司范围内的推广应用将直接影响国内大部分待建抽水蓄能电站项目的建设，进一步提升新源公司项目建设的管理水平，并可为新源公司系统内其他工程提供参考依据，提高类似项目的整体效益。

第2章

抽水蓄能电站建设先进施工技术应用的必要性

2.1 TBM设备及施工技术发展的需要

自1985年我国从美国罗宾斯公司（Robbins）引进了直径为10.8m掘进机以来，我国硬岩TBM的应用及隧道施工技术的发展正在各工程领域内迅猛提升，自20世纪80年代引进硬岩TBM至今的TBM应用分类见表2－1。通过对我国TBM的分类统计，可以看出我国TBM的发展由国外承包商和制造商在中国承担TBM工程，到我国自主施工阶段，再到联合设计制造和自主施工阶段，正在朝着自主研发和自主施工、整机再制造的全产业链发展阶段迈进。

特别是近年来我国的TBM设备还出口海外（中铁工程装备集团有限公司设计制造的护盾式TBM已出口国外用于黎巴嫩大贝鲁特供水隧道），施工队伍也在国外承担TBM工程（如中国电力建设集团有限公司承建的厄瓜多尔水电站项目）。

目前我国TBM设计制造及施工技术创新积累的步伐大大加快，同时还逐步形成了由国家有关部门牵头，以工程为背景，国内施工企业、大型机械制造企业与高等院校联合攻关研发的TBM产业发展之路。与此同时世界著名TBM制造商与国内制造企业也联合制造TBM并取得了很大进展。未来中国将成为TBM制造业和TBM施工工程的主战场。

表 2－1　　我国 TBM 应用分类统计表

年代	TBM 工程分类	TBM 工程名称	开挖直径（m）	隧洞长（km）	TBM 工程数量	发展阶段特点
1985～2001	引水隧洞	广西天生桥水电工程	10.8	7.5	3	以国外 TBM 制造商和承包商为主
		引大入秦工程	5.53	17.0		
		引黄入晋工程	4.82～4.94	121.8		
1997～2002	铁路隧道	西康线秦岭隧道	8.8	18	3	建立起自主的 TBM 施工队伍
		西安—南京线磨沟岭隧道	8.8	5.0		
		西安—南京线桃花铺 1 号隧道	8.8	6.2		
2003～2010	引水隧洞	辽宁大伙房水库输水工程	8.03	85	10	进入联合设计制造、自主施工的大发展阶段
		新疆八十一大阪引水隧洞工程	6.67	30.68		
		青海引大济湟工程	5.93	24.17		
		甘肃引洮工程	5.75	35.5		
		锦屏Ⅱ级电站引水隧洞工程	12.4	2×16		
		那邦水电站引水隧洞工程	4.5	9.8		
		陕西引红济石工程	3.7	12		
	铁路隧道	南疆铁路中天山隧道	8.8	22.5		
		兰渝铁路西秦岭隧道	10.2	2×28.2		
	地铁	重庆轨道交通 6 号线 TBM 试验段工程	6.36	2×12.2		
2010～至今	引水隧洞	吉林省中部城市引松供水工程	7.93	20.198＋19.797	2	自主研发和自主施工、整机再制造的全产业链发展阶段
		兰州市水源地建设项目	5.49	24.65	2	
		新疆 ABH 输水隧洞	6.53	18＋16.8	2	
		“引故入洛”引水工程	5.00	6.64	1	
	铁路隧道	大瑞铁路高黎贡山铁路隧道	9.03	12.8	1	

先进的施工设备带动了先进的施工技术发展，根据国内不同时期应用的施工设备情况分析，我国隧洞开挖工程技术发展，其大概经历了四个阶段（见图 2－1），第一代（20 世纪四五十年代）主要靠钢钎大锤人工撬挖；第二代（20 世纪六七十年代）主要靠手风钻人工钻爆施工；第三代（20 世纪八九十年代）主要靠凿岩台车机械钻爆施工；第四代（2000 年至今）TBM 自动掘进逐渐开始作为隧洞开挖的主要手段。

(a)　(b)　(c)　(d)

图 2－1　国内不同时期应用的施工设备

（a）第一代　钢钎大锤撬挖；（b）第二代　手风钻钻爆；
（c）第三代　凿岩台车；（d）第四代　TBM 自动掘进

从我国隧洞开挖施工技术的不同阶段来看，先进的开挖设备必将推动先进的隧洞开挖技术普及应用。目前 TBM 是最为先进的掘进设备，其设计、制造加工技术已经被我国掌握，其施工技术已经在水利、水电、交通领域推广普及，在抽水蓄能电站施工中也具备条件，对 TBM 在抽水蓄能电站中的应用研究很有必要。

2.2 社会条件变化的要求

钻爆法在 20 世纪六七十年代的社会环境下具有施工组织简单容易、对劳动力知识水平要求不高、便于普及应用的特点，而且在当时也是一种先进的施工设备，很快得到了推广应用。随着社会的进步，钻爆法施工的缺点则表现得较为突出，特别是其开挖进度较慢，施工安全风险大，施工作业面环境极差，对现场施工和管理的人员职业健康会造成很大的伤害等这一系列缺点，已经成为工程建设的制约因素。

从环境保护和劳动安全要求以及我国劳动力结构的变化来看，推动 TBM 在抽水蓄能电站的应用也是我国社会环境发展的必然要求。

2.2.1 环境保护的要求

绿水青山就是金山银山。党的十八大以来，从山水林田湖草的“命运共同体”初具规模，到绿色发展理念融入生产生活，再到经济发展与生态改善实现良性互动，以习近平同志为核心的党中央将生态文明建设推向新高度。从保护到修复，着力补齐生态短板，党的十八大将生态文明建设纳入中国特色社会主义事业“五位一体”总体布局，“美丽中国”成为中华民族追求的新目标。树立保护生态环境就是保护生产力、改善生态环境就是发展生产力的理念。

2015 年 4 月，中共中央、国务院印发《关于加快推进生态文明建设的意见》，明确了生态文明建设的总体要求、目标愿景、重点任务、制度体系。同年 9 月，《生态文明体制改革总体方案》出台，提出健全自然资源资产产权制度、建立国土空间开发保护制度、完善生态文明绩效评价考核和责任追究制度等制度。

生态环保法制建设不断健全。《大气污染防治行动计划》《水污染防治行动计划》《土壤污染防治行动计划》陆续出台，被称为“史上最严”的新环保法从 2015 年开始实施，在打击环境违法犯罪方面力度空前。

生态环保执法监管力度空前。压减燃煤、淘汰黄标车、整治排放不达标企业，启动大气污染防治强化督查等一系列的环保重拳出击，带来更多蓝天碧水。

绿色发展理念已经深入人心，在绿色发展理念指引下，需要在工程建设过程中推动先进的施工设备应用替代现有高污染的施工设备。

2.2.2　劳动安全的要求

劳动安全，又称职业安全，是劳动者享有的在职业劳动中人身安全获得保障、免受职业伤害的权利。近年来，我国经济高速增长，取得了世人瞩目的成就。但是，在经济快速增长的背后却付出了巨大的社会成本，如生态环境恶化、自然资源枯竭等，其中也包括越来越严重的劳动安全问题。随着各类生产安全事故频繁发生，安全生产形势极为严峻。目前，我国劳动安全问题主要集中在工矿生产领域，尤其是众多的煤炭生产企业更是劳动安全事故的多发地带。无论是瓦斯爆炸、透水事故还是矿井坍塌的发生，除了其中人为违规操作的因素外，多数是由于安全生产投入不足造成的。劳动过程中的复杂性，决定了劳动设备、劳动条件也具有复杂性。由于各行各业的生产特点和工艺过程有所不同，需要解决的劳动安全技术问题也有所不同。

因此，国家针对不同的劳动设备和条件以及不同行业的生产特点，规定了适合各行业的安全技术规程。主要有《工厂安全卫生规程》《建筑安装工程安全技术规程》《矿山安全条例》《矿山生产法》《乡镇煤矿安全生产若干暂行规定》《起重机械安全规程》《剪切机械安全技术规程》《磨削机械安全规程》《压力机的安全安置技术条件》《木工机械安全装置技术条件》《煤气安全规程》《橡胶工业静电安全规程》《工业企业厂内运输生产规程》《爆破安全规程》等。《劳动法》第六章“劳动安全卫生”对安全技术规程也作了原则规定。

法律责任设定的直接意图在于促使人们遵守规则。事实证明，只在灾难发生后追究有关人员的责任，无法起到应有的警示和预防作用。对那些安全生产违法行为，安全责任不落实、事故隐患不整改的企业法人代表，应增加其民事赔偿责任，实施高额罚款，甚至使其倾家荡产。对负有安全生产监督管理职责的部门工作人员，玩忽职守铸成大错的，给予降级或者撤职处分，构成犯罪的，依法追究刑事责任。通过修改相关法律，加大惩处力度，增加责任人的违规成本，才能使得这些法规真正起到威慑作用。

目前劳动安全已备受各方关注，工程建设领域除加强建立、健全安全生产责任制；建立、健全安全管理机构；加强安全教育和技术培训外，采用先进的生产设备，也是提高安全保障的有效途径。先进的生产设备可以降低安全事故的发生概率，并提高劳动作业人员的安全保护能力，降低工程管理者的管理风险，从而推动工程建设的顺利进行。

2.2.3 劳动力变化的要求

随着我国人口总量的增长变化，特别是劳动年龄人口数量和质量的“双变”已经对我国各行各业的升级转型形成倒逼之势。其中劳动力供给的减少导致人工成本上升、产业转移和技术替代劳动力成为未来的趋势。我国 15～59 岁劳动年龄人口 2011 年的时候达到峰值（9.25 亿人），2012 年比 2011 年减少 345 万，这是劳动年龄人口的首次下降。2012 年开始逐年下降，2013 年减少 244 万，2014 年减少 371 万，2015 年减少 487 万。人社部发布的数据显示，2015 年我国劳动年龄人口下降至 9.11 亿，还会持续下降，而且到 2030 年以后将会出现大幅下降的过程，平均以每年 760 万人的速度减少。到 2050 年，人社部预测劳动年龄人口会由 2030 年的 8.3 亿降到 7 亿左右。

同时劳动力年龄结构和知识结构都无法再支持过去传统行业所需的人力资源。近年来出现的“民工荒”背后是 15～24 岁青年劳动力的大幅下降。据统计 15～24 岁青年劳动力是劳动年龄人口下降最明显的群体，2006 年这个群体有 1.2 亿人，预测到 2020 年将会下降到 6000 万。与此相对应，55～65 岁的劳动年龄人口将出现上升，劳动力结构趋于老化。

随着这些年来高等教育的普及，我国劳动力的知识结构也在发生变化，在过去很长一段时间，每年新增就业人口中有一大半是初中文化程度以下的，他们成为制造业中的低廉劳动力。如今情况已经和过去不同，高等教育的毛入学率达到 44%，2015 年大学毕业生约占到新增劳动力的 50%，初中以下文化程度约占 20%。“劳动力的素质和结构发生了根本变化，劳动力越来越注重自身职业发展规划和职业健康卫生，对从事行业的选择性越来越大，对工作环境的要求在逐步提高，以往全凭体力进行的人工开挖方法将难以为继。

综上分析，由于环保和劳动安全的要求日益提高，同时劳动人口数量的减少以及劳动力质量的提高，以往完全靠低廉劳动力的人工钻爆开挖法，将逐步被机械化或自动化的施工方法所替代。通过对目前最为先进的 TBM 应用研究将实现施工安全保障最高、作业环境最优、进度最快、工程建设期整体效益最高的目标。

2.3　工程建设管理的需要

党的十八大以来，习近平总书记做出一系列重要指示，深刻阐述了安全生产的重要意义、思想理念、方针政策和工作要求，强调必须坚守发展决不能以牺牲安全为代价这条不可逾越的红线。李克强总理多次做出重要批示，强调要以对人民群众生命高度负责的态度，坚持预防为主、标本兼治，以更有效的举措和更完善的制度，切实落实和强化安全生产责任，筑牢安全防线。大力推进依法治安和科技强安，加快安全生产基础保障能力建设，推动了安全生产形势持续稳定好转。加快淘汰落后工艺、技术、装备和产能，有利于降低安全风险，提高本质安全水平。

国内抽水蓄能电站隧洞平洞开挖普遍采用钻爆法，斜井竖井开挖普遍采用爬罐法或者反井钻法施工，上述施工方法一直存在安全隐患多、施工工期长、劳动力投入大、作业环境差、施工效率低的缺点。钻爆法施工组织简单容易，但开挖进度较慢（实际月最大开挖进度不超过 150m/月），国内已建和在建的抽水蓄能电站中，斜井或竖井开挖主要采用先开挖导井再二次扩挖的施工方法；其中长斜井的开挖又受开挖设备的限制，对于超过 400m 的斜井需要采取增加施工支洞将长斜井变成短斜井并采取爬罐或反井钻进行斜井开挖。施工安全风险大，特别是在追求最大开挖进尺时施工作业面环境极差，对现场施工和管理的人员职业健康会造成很大的伤害。

人民群众日益增长的安全需求，以及全社会对安全生产工作的高度关注，为推动安全生产工作提供了巨大动力和能量。受水电施工企业经营管理模式的制约，水电行业施工技术科技进步推动较慢，随着常规水电项目的减少，抽水蓄能电站核准开工项目数量加大，对抽水蓄能电站施工关键技术设备应用研究是非常必要的。目前抽水蓄能电站安全管理存在着安全管理标准和要求与现场施工人员素质和施工设备较差之间的矛盾。施工工法和先进的开挖设备应用较少，安全形势不容乐观。故研究先进的开挖设备应用是当务之急，能够有效地解决蓄能电站安全、质量、进度的矛盾，提升工程整体管控水平。

第3章

抽水蓄能电站先进洞挖设备

3.1 先进洞挖设备

3.1.1 掘进机工作原理

掘进机工作原理：掘进机支撑板撑紧洞壁，以承受刀盘掘进时传来的反作用力和反扭矩；刀盘旋转，推进液压缸推压刀盘，一组盘形滚刀切入岩石，在岩石面上做同心圆轨迹的滚动破岩，岩渣靠自重掉人洞底，由铲斗铲起，靠岩渣自重经溜槽落入皮带机出渣，这样连续掘进成洞。掘进机基本施工工艺示意见图3-1。

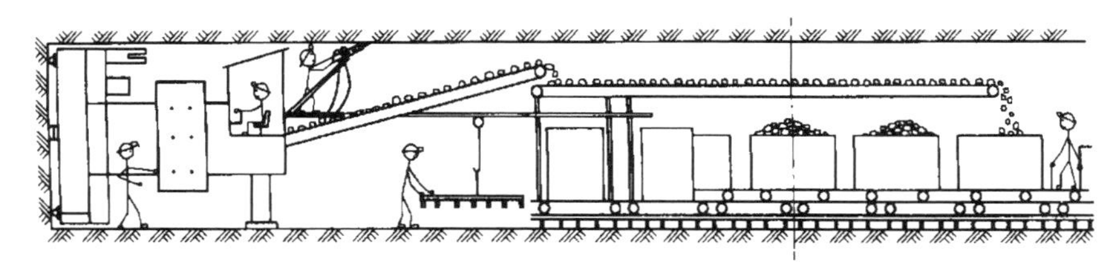

图3-1 掘进机基本施工工艺示意图

3.1.2 掘进机类型

掘进机是指用机械能破碎隧道掌子面、随即将破碎物质连续向后输出并获得预期的洞型、洞线的机器。对于掘进机的类型划分则根据不同分类标准而不同。

（1）按开挖断面，可分为全断面和部分断面掘进机（见图3－2和图3－3）。

图3－2　全断面掘进机

图3－3　部分断面掘进机

（2）按开挖断面形状，可分为圆形断面掘进机和异形断面掘进机（见图3－4和图3－5）。

图3－4　圆形断面掘进机

图3－5　异形断面掘进机

（3）按开挖洞线纵坡，可分为平洞掘进机、斜洞掘进机和竖井掘进机（见图3－6～图3－8）。

（4）按掘进机是否带有盾壳，可分为敞开式掘进机和护盾式掘进机（见图3－9和图3－10）。

（5）按适应开挖的地质条件，可分为硬岩掘进机和软土盾构机（见图3－11和图3－12）。

图3-6 平洞掘进机

图3-7 斜洞掘进机

图3-8 竖井掘进机

图3-9 敞开式掘进机

图3-10 护盾式掘进机

图 3－11 硬岩掘进机

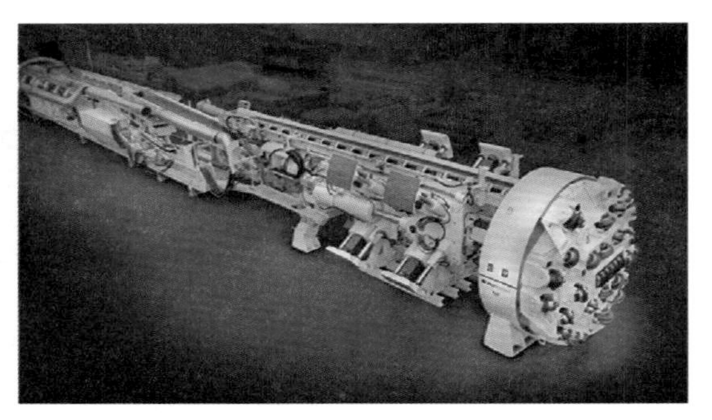

图 3－12 软土盾构机

3.1.3 全断面岩石隧道掘进机

TBM 是“Tunnel Boring Machine”的英文缩写，译名为隧道掘进机。欧美将全断面隧道掘进机统称为 TBM，日本则一般统称为盾构机，细分可称为硬岩隧道掘进机和软地层隧道掘进机。而我国一般习惯上称为的 TBM 和盾构机，则都属于全断面掘进机，只是按照其适应开挖的地质条件又进行了分类：将适应于硬岩隧道掘进的全断面掘进机称为 TBM，适应于松软地层中掘进的全断面掘进机称为盾构机。

因此我们常见的应用在公路、铁路隧洞（公路铁路隧洞多在岩石中）中的掘进机一般就称为 TBM；应用在城市地铁隧洞（城市地铁隧洞多在软土中）中的掘进机一般就称为盾构机。

对于 TBM 这一名称，在很长一段时间内，我国各行业也对其都有各自的习惯称呼，交通部门称为隧道掘进机，矿山部门称为巷道掘进机，水电部门称为隧洞掘进机。而在 1983 年国家制定标准（GB 4052—1983）后才将其统一称为全断面岩石掘进机（Full Face Rock Tunnel Boring Machine）简称掘进机或 TBM，其对 TBM 的定义为：一种靠旋转并推进刀盘，通过盘形滚刀破碎岩石而使隧洞全断面一次成形的机器。

盾构这一名称来自 2017 年《盾构法隧道施工及验收规范》（GB 50446—2017）的定义：在钢壳体保护下完成隧道掘进、出渣、管片拼装等作业，由主机和后配套组成的全断面推进式隧道施工机械设备。

TBM 主要适用于直径一般为 2.5～10m 的全岩隧（巷）道，岩石的单轴抗压强度可达 50～350MPa；可一次截割出所需断面，且形状多为圆形，主要用于工程涵洞和隧道的岩石掘进。

3.1.4　悬臂式掘进机

悬臂式掘进机属于部分断面岩石掘进机类型，它是一种能够实现截割、装载运输、自行走及喷雾除尘的联合机组。悬臂式掘进机最早在我国煤矿行业应用，其能同时实现剥离煤岩、装载运出、自身行走调动以及喷雾除尘等功能（即集切割、装载、运输、行走于一身）。

悬臂式掘进机主要由切割机构、装载机构、运输机构、行走机构、机架及回转台、液压系统、电气系统、冷却灭尘供水系统以及操作控制系统等组成，其中切割臂、回转台、装渣板、输送机、转载机、履带等为主要工作机构。国内悬臂掘进机正在向重型化、大型化、强力化、大功率和机电一体化发展。

目前在水利、公路、铁路、城市地铁等工程中，特别是在对传统钻爆法施工有严格限制的市政短隧洞工程中，悬臂式掘进机作为一种安全、高效、环保的施工设备已得到广泛的应用。

悬臂式掘进机施工具备以下优点：可用于任何断面形状的隧道；可连续开挖、无爆破震动、能更自由地决定支护岩石的适当时机；可减少超挖；可节省岩石支护和衬砌的费用；设备机动灵活，在隧道中有较大的灵活性，能用于任何支护类型；设备投资少、施工准备时间短和再利用性高。其在硬度较低（抗压强度 90MPa 以内）、长度较短的岩石隧道中逐步成为主要的施工设备。

总之，目前应用于隧道开挖的先进掘进机（TBM、盾构机和悬臂式掘进机）具有共同的特点就是：掘进、支护、出渣等施工工序并行连续作业，是机、电、液、光、气等系统集成的工厂化流水线隧道施工装备，具有掘进速度快、利于环保、综合效益高等优点，可实现传统钻爆法难以实现的复杂地质地貌深埋隧洞的施工，在中国铁道、水电、交通、矿山、市政等隧洞工程中应用正在迅猛增长。

3.2 TBM

TBM（在岩石中开挖隧道的掘进机），泛指敞开式硬岩和护盾式硬岩 TBM，通常用于稳定性良好、中～厚埋深、中～高强度的岩层中掘进长大隧道。这类掘进机所面临的基本问题是如何破岩，如何保持高效和顺利掘进。TBM 适用于山岭隧道硬岩掘进，代替传统的钻爆法，在相同的条件下，其掘进速度约为常规钻爆法的 4～10 倍；具有快速、优质、安全、经济、有利于环境保护和劳动力保护等优点。特别是高效快速可使工程提前完工，提前创造价值，对我国的现代化建设有很重要的意义。

TBM 从结构上一般分为主机、连接桥、后配套及附属设备。TBM 主要分为三种类型，敞开式、单护盾式和双护盾式，并分别适应于不同的地质条件。TBM 分类见图 3－13。

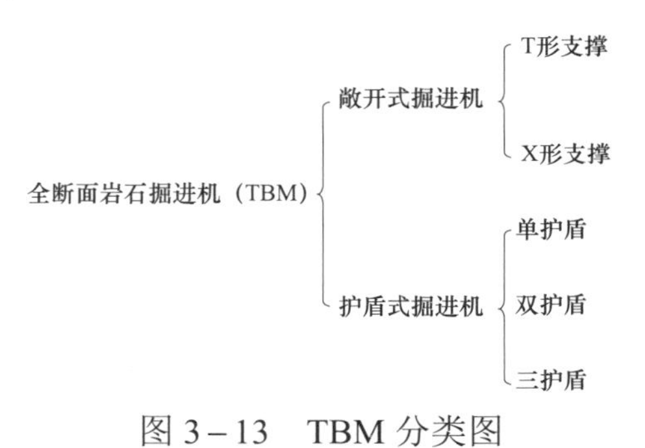

图 3－13　TBM 分类图

3.2.1 敞开式 TBM

敞开式 TBM 是一种用于中硬岩及硬岩隧道掘进的机械。由于围岩比较好，掘进机的顶护盾后，洞壁岩石可以裸露在外，故称敞开式。

敞开式TBM主要由三大部分组成：切削盘，切削盘支承与主梁，支撑与推进。

切削盘支承和主梁是掘进机的总骨架，二者联为一体，为所有其他部件提供安装位置；切削盘支承分顶部支承、侧支承、垂直前支承，每侧的支承用液压缸定位；主梁为箱形结构，内置出渣胶带机，两侧有液压、润滑、水气管路等。

支撑分主支撑和后支撑，主支撑分单T形支撑和双X形支撑。

敞开式 TBM 主机根据岩性不同可选择配置临时支护设备，如钢架安装器、锚杆钻机、钢筋网安装机、超前钻、管棚钻机、喷混凝土及注浆设备，在遇到局部破碎带及软弱夹层岩石，则掘进机可有所附带的超前钻机注浆设备，预先固结然后再开挖。适用于岩石稳定性好、软弱围岩较少的中硬岩石隧道，适合洞径2～9m，具有施工效率高、成本低的显著特点。敞开式TBM结构见图3-14。

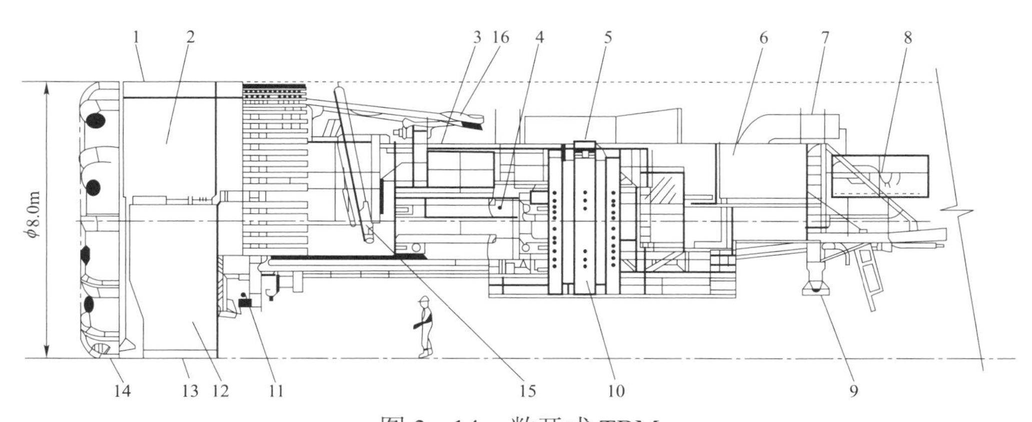

图3-14 敞开式TBM

1—顶部支承；2—顶部侧支承；3—主机架；4—推进油缸；5—主支撑架；6—TBM主机架后部；7—通风管；8—皮带输送机；9—后支承带靴；10—主支撑靴；11—刀盘主驱动；12—左右侧支承；13—垂直前支承；14—刀盘；15—锚杆钻；16—探测孔凿岩机

3.2.2 单护盾TBM

单护盾TBM主要由护盾、刀盘部件及驱动机构、刀盘支承壳体、刀盘轴承及密封、推进系统、激光导向机构、出渣系统、通风除尘系统和衬砌管片安装系统等组成（见图 3－15）。

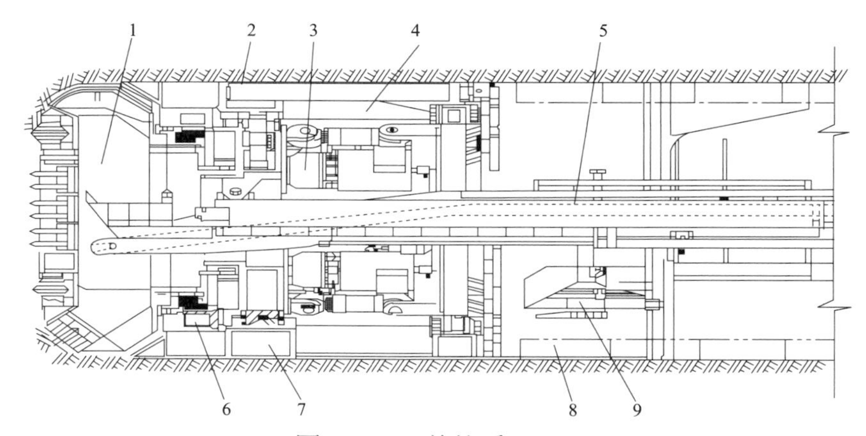

图 3－15　单护盾 TBM
1—刀盘；2—护盾；3—驱动装置；4—推进油缸；5—皮带运输机；6—主轴承及大齿圈；7—刀盘支承壳体；8—混凝土管片；9—混凝土管片铺架机

为避免在隧洞覆盖层较厚或围岩收缩挤压作用较大时护盾被挤住，护盾沿隧洞轴线方向的长度应尽可能短，这样可使机器的方向调整更为容易。

主要适应于比较破碎，围岩的抗压强度低，岩石仅仅能自稳、但不能为 TBM 的掘进提供反力的地层，由盾尾推进液压缸支撑在已拼装的预制衬砌块上或钢圈梁上以推进刀盘破岩前进。机器的作业和管片的安装是在护盾的保护下进行的。由于单护盾的掘进需靠衬砌管片来承受后坐力，因此在安装管片时必须停止掘进，掘进和管片安装不能同步进行，因而掘进速度受到了限制。

3.2.3　双护盾 TBM

双护盾 TBM 的一般结构主要由装有刀盘及刀盘驱动装置的前护盾，装有支撑装置的后护盾（支撑护盾），连接前、后护盾的伸缩部分和安装预制混凝土管片的尾盾组成。

双护盾 TBM 是在整机外围设置与机器直径相一致的圆筒形护盾结构，以利于掘进松软破碎或复杂岩层的全断面岩石掘进机。双护盾 TBM 在遇到软岩时软岩又不能承受支撑板的压应力，由盾尾推进液压缸支撑在已拼装的预制衬砌块上或钢圈梁上以推进刀盘破岩前进；遇到硬岩时，与敞开式 TBM 的工作原理一样，靠支撑板撑紧洞壁，由主推进液压缸推进刀盘破岩前进。

双护盾 TBM 与敞开式 TBM 完全不同的是，双护盾式 TBM 没有主梁和后支撑，除了机头内的主推进油缸外，还有辅助油缸。辅助推进油缸只在水平支撑油缸不能撑紧洞壁进行掘进作业时使用，辅助油缸推进时作用在管片上。护盾式 TBM 只有水平支撑没有 X 形支撑。以适应不同的地层，尤其适用于软岩且破碎、自稳性差或地质条件复杂的隧道。双护盾 TBM 结构见图 3－16。

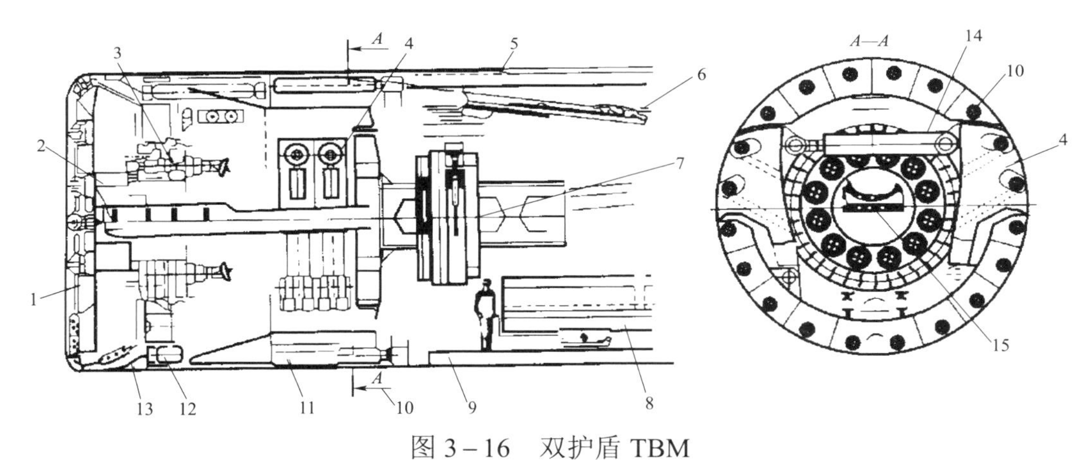

图 3－16 双护盾 TBM

1—刀盘；2—石渣漏斗；3—刀盘驱动装置；4—支撑装置；5—盾尾密封；6—凿岩机；7—砌块安装器；8—砌块输送车；9—盾尾面；10—辅助推进液压缸；11—后盾；12—主推进液压缸；13—前盾；14—支撑油缸；15—带式输送机

3.2.4 小转弯半径掘进设备

目前 TBM 的最小转弯半径在均在 300m 左右，对于转弯半径在 100m 以内的掘进设备主要为盾构机，小转弯半径的盾构机主要通过缩短整机长度，盾体增加铰接装置，刀盘增加超挖滚刀或刮刀来实现在软土层中的开挖掘进。

以日本小松公司的小转弯半径盾构机为例，其目前 2～5m 直径的盾构机最小转弯半径可达为 8m，图 3－17 为直径 2.3m 的土压平衡盾构机，主机长 4.35m，最大铰接度 18°，应用于市政下水道工程中。

图 3－17　直径 2.3m 的小转弯半径掘进机

3.2.5　TBM 设备特性

下面以敞开式 TBM 为例说明其设备特性。

1. 工作原理

TBM 依靠安装在刀盘上的滚刀刀刃施加给岩体的压力破碎岩体，当刀刃施加的压力大于开挖岩体的抗压强度时，刀刃楔入岩体，并使刀刃间的岩体被挤压破碎，TBM 工作时由于刀盘上安装有多把滚刀，并通过刀盘的旋转加压，使多把滚刀同时楔入开挖面，形成同心圆碾压破碎槽，以实现对岩体的整体破碎。同时在开挖岩体能够自稳的条件下，滚刀的持续碾压破碎作用又可实现 TBM 的连续开挖。刀盘碾压面见图 3－18。

2. 机体结构

TBM 整体由主机和后配套以及连接桥组成，是由几十个独立的子系统构

图3－18 刀盘与掌子面

成的一个有机整体，综合了机械、电气，传感监控、工程支护、智能控制等多学科内容。主机由刀盘、护盾、主轴承、支撑系统、推进系统、驱动系统等组成；后配套由主机配套系统，主机辅助系统和出渣、施工材料运输及通风系统组成；连接桥是连接主机和后配套的纽带，可以使后配套系统与主机系统协调平稳的工作。因为TBM可根据不同隧洞的开挖支护功能需要，在初期支护系统（属于主机辅助系中）中选用挂网、锚喷、钢支撑以及超前钻探和注浆设备，所以其一般整机长度较长，通常在150～300m左右。敞开式TBM整机结构见图3－19。

图3－19 敞开式TBM整机

3. 刀盘结构

刀盘刀具是 TBM 的关键部件，TBM 刀盘一般安装有多把盘形滚刀，滚刀的刀刃通过刀盘的推力压入开挖面的岩体。TBM 刀盘结构复杂，整体重量在 100～300t。为了安装、拆卸方便，其刀盘可由多块组装而成，其分块数量可根据开挖断面确定，一般分为 1～6 块。刀盘及道具见图 3-20 和图 3-21。

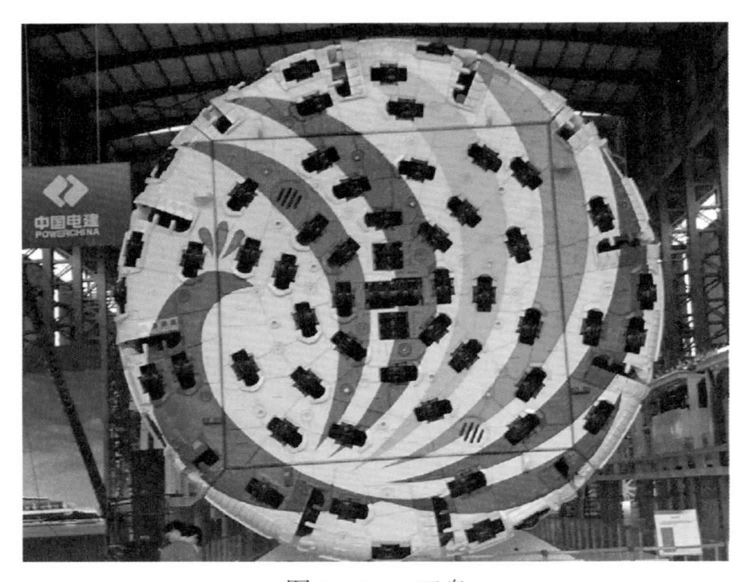

图 3-20　刀盘

图 3-21　盘形滚刀

4. 支撑及推进系统

敞开式 TBM 依靠自身支撑机构（撑靴，见图 3－22）撑紧洞壁以承受向前推进的反作用力及反扭矩。

图 3－22　敞开式 TBM 撑靴

5. 开挖支护及出渣方式

TBM 施工洞段开挖支护方式与选用的 TBM 型式有关，敞开式 TBM 一般采用初期临时支护（锚杆及喷混凝土见图 3－23 和图 3－24）＋永久支护；护

图 3－23　锚杆支护

盾式 TBM 采用管片衬砌，出渣采用皮带机出渣，TBM 内出渣皮带机系统布置见图 3-25。

图 3-24　喷混凝土

图 3-25　TBM 内皮带机运输系统

6. 安装拆卸和作业人员

TBM 安装在洞内和洞外均可进行，一般洞内或洞外安装场地的长度均需要满足整机的安放，宽度则可根据 TBM 的直径和吊装设备的工作需要确定。特别是洞内安装需要根据 TBM 各部分的尺寸和吊装设备的需要开挖出满足吊装的洞室空间；洞内拆卸则至少需要开挖出满足主机吊运的洞室空间。

TBM 运行时其开挖面作业人员通常需要 3～5 人。

3.3 盾构机

盾构机，在松软地层中掘进隧道的掘进机，泛指土压平衡盾构机、泥水平衡盾构机和泥水气平衡盾构机，通常用于软弱地层中开挖隧道。这类掘进机所面临的基本问题是开挖掌子面的稳定、地表沉降等。盾构机是城市地铁建设中速度快、质量好、安全性能高的先进施工设备。采用盾构机施工的区间隧道，可以做到对土体弱扰动，不影响地面建筑物和交通，减少地上、地下的大量拆迁。

下面以土压平衡盾构机为例对盾构机进行说明。

根据《ϕ5.5m～ϕ7m土压平衡盾构机（软土）》（CJ/T 284—2008）中的定义土压平衡盾构机是由刀盘旋转切削土体，切削后的泥土进入密封土舱，在密封土舱内水土压力与开挖面水土压力取得平衡的同时，由螺旋输送机进行连续出土，由主机和后配套组成的一体化设备（简称盾构）。适合在软土层中进行掘进施工。定义中的软土通常是指抗剪强度低、压缩性高、渗透性较小的软土（黏土、砂土、沙砾等），如松散砂性土、尚未固结的吹（冲）填土、杂填土、素填土、淤泥、淤泥质土等。

1. 工作原理

盾构机是利用刀盘的旋转对开挖面的土体进行刮削，以实现开挖面的全断面挖掘，但盾构机刀盘一般安装的刀具为刮刀，刮刀随着刀盘旋转，刮刀刮落的土体掉落在刀盘正面，通过刀盘上的渣土搅拌装置和注入的添加剂对开挖渣土进行改良，并通过密封隔舱保持开挖面的压力平衡以实现盾构机的连续开挖。

2. 机体结构

盾构机由主机、液压系统、附属系统和电气系统组成。主机由盾构壳体、刀盘和刀盘驱动装置、气闸系统、铰接装置、推进装置、管片拼装机、螺旋输送机、皮带运输机、盾尾密封系统等组成；附属系统由管片吊运机构、集中润滑系统、壁后注浆系统、添加剂注入系统、导向测量系统、后方台车、冷却系统、通风系统等组成；电气系统由供配电系统、照明系统、控制系统、数据采集系统、检测系统等组成。其一般整机长度较短，通常在 80m 左右。土压平衡盾构机整机结构见图 3－26。

图 3－26　土压平衡盾构机

3. 刀盘安装特性

盾构机刀盘形式分为面板式和辐条式，安装时一般通过始发井整体吊入。刀盘及刀具见图 3－27。

(a)

(b)

图 3－27　刀盘结构

（a）面板式；（b）辐条式

4. 支撑及推进系统

盾构机依靠反力架支撑在已拼装的预制衬砌块上以推进刀盘旋转前进。反力支撑见图3－28。

图3－28 盾构机反力支撑系统

5. 开挖支护及出渣方式

盾构施工洞段开挖支护方式均采用预制管片衬砌。盾构开挖采用螺旋输送机＋皮带机出渣或泥浆管系统出渣。土压平衡盾构机螺旋输送机布置见图3－29。

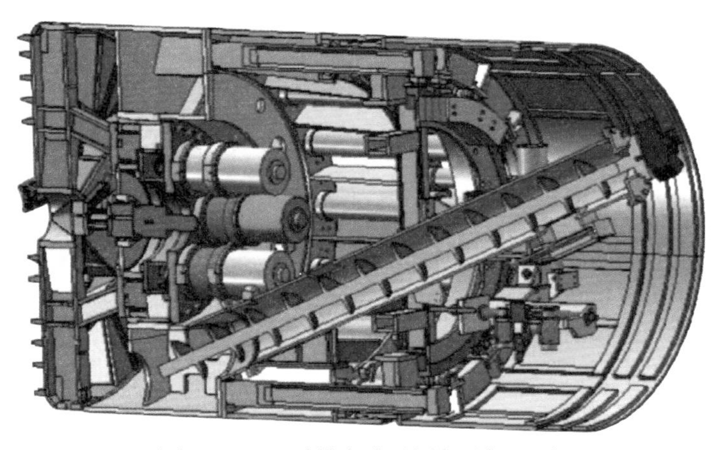

图3－29 盾构机螺旋输送机出渣

6. 安装拆卸和作业人员

盾构机整体组装和拆卸在工作井内进行。始发工作井平面尺寸需要满足盾构安装调试、管片和其他施工材料、设备、出渣的垂直运输及作业人员的出入需要；接收工作井长度大于主机长度，宽度大于盾构直径。

盾构机运行时其工作面作业人员 4～7 人。

3.4 TBM 与盾构机

TBM 与盾构机在设备性能和工作方式上有着很大的区别，二者的对比分析见表 3－1。

表 3－1　　TBM 与盾构机对比表

编号	项目	TBM	盾构机
1	适用条件	岩石地层，抗压强度 50～300MPa，无大量地下水	具有一定自稳能力的软土地层，高透水地层不适用
2	掘进方式	滚刀破岩，在围岩自稳条件下连续掘进	刮刀切削软土掌子面，通过机械加压方式（土压、泥水）维持开挖面稳定，并连续掘进
3	支撑及推进系统	TBM 依靠撑靴撑在隧道侧面上提供反力	盾构机依靠反力架及管片提供反力
4	结构形式	刀盘刀具强度高，重量大，后配套及附属系统多，整机结构复杂，整机长度长 200m 左右，总重大 1500～1800t	刀盘刀具结构相对简单，重量较轻，后配套及附属系统较少，整体结构简洁，整机长度短不超过 80m，总重量轻
5	开挖支护及出渣方式	① 初期支护（钢支撑、钢筋网、锚喷支护）＋永久衬砌支护；② 或采用预制管片衬砌。 出渣采用皮带机出渣	预制管片衬砌支护。 盾构开挖采用螺旋输送机＋皮带机出渣或泥浆管系统出渣
6	安装拆卸	洞内、洞外均可进行拆卸；洞内组装需提前开挖安装洞	安装和拆卸均需预先开挖始发井和接收井，并需提前开挖完成
7	掌子面作业人员	根据不同设备，一般单台班施工人员 3～5 人	根据不同设备，一般单台班施工人员 5～6 人
8	设备造价	1 亿～2 亿元左右	一般 0.2 亿～0.7 亿元左右

这两种设备的技术开发与应用，在我国地下工程领域具有十分广阔的前景。

目前国外生产TBM和盾构机的厂家主要有：美国罗宾斯（ROBBINS），德国海瑞克（HERRENKNECHT），德国（WIRTH）（2013年中国中铁工程装备集团有限公司收购该公司TBM知识产权），日本三菱、川崎、小松等公司；国内生产TBM和盾构机的厂家主要有：中铁工程装备集团有限公司，中国铁建重工集团，上海隧道股份（主要生产盾构机）。

第4章

TBM 应用实例

4.1 斜井 TBM 应用实例

1. 盐原抽水蓄能电站

盐原抽水蓄能电站总装机容量 90 万 kW，安装 3 台单机容量为 30 万 kW 的机组，压力管道全长 594km，由上水平段、斜井段和下水平段组成，地层为第三纪盐谷层群，由流纹岩、凝灰岩和泥岩组成，部分地段有玢岩侵入体。其中斜井段长 460m，坡度达 52.5°，斜井段开挖从下水平部位先采用开挖直径 2.3m 的隧洞掘进机（TBM）由下至上开挖导洞，导洞贯通后，把导洞作为出渣洞使用。然后采用常规的全断面扩大开挖法由上至下开挖。

设备类型及参数：刀盘直径 2.3m，整机全长约 64m，总重约 100t，掘进行程 1.0m，设备功率 225kW。

东京电力公司从 1989 年 1 月至 6 月完成了盐原抽水蓄能电站倾角 52.5°、长度 438m、ϕ2.3m 的导洞开挖。导洞 TBM 施工最高月进尺 104m，平均月进尺 68m。

2. 葛野川抽水蓄能电站

葛野川抽水蓄能电站总装机容量 160 万 kW，安装 4 台单机容量 40 万 kW

的机组，压力管道全长 2.0km，包括上部斜井（全长 167m，坡度 48°）和下部斜井（全长 768m，坡度 52.5°），上部斜井用反井钻机施工方法进行导洞挖掘、钻爆法进行扩挖；下斜井，通过 TBM 施工导洞，导洞直径 2.7m，导洞施工完成后采用扩挖 TBM 进行全断面扩挖。

压力管道途经地区位于山梨县东部大菩萨岭的东南方，地质由属于中生代白垩纪后期到新生代古第三期之间沉积的四万十层“小佛层群”的泥岩和砂岩混合层构成。

设备类型及参数：刀盘直径 2.7m，整机全长约 56m，总重约 135t，掘进行程 1.2m，设备功率 264kW。

1996 年 1 月至 7 月完成葛野川抽水蓄能电站倾角 52.5°、长度 745m、ϕ2.7m 导洞开挖，随之在 1997 年 5 月至 1998 年 1 月完成ϕ7m 断面扩挖（扩挖 TBM 施工）。导洞 TBM 施工最高月进尺 166m，平均月进尺 115m。

3. 神流川抽水蓄能电站

神流川抽水蓄能电站总装机容量 120 万 kW，安装 4 台单机容量 30 万 kW 的机组，水道系统全长 2.8km，其中引水斜井直径为 6.6m、倾斜度 48°、斜井长 935m，采用“全断面斜井 TBM 施工法”施工。斜井沿线为第三纪侵入的安山岩石以及侵入砾岩，斜井上部地层中分布着一部分蛇纹岩，中间部分呈现泥质岩基质（泥岩以及细粒砂岩）。

设备类型及参数：刀盘直径 2.7m，整机全长约 50.3m，总重约 660t，掘进行程 1.5m，设备功率 1600kW。

1999 年 11 月至 2001 年 4 月完成神流川抽水蓄能电站倾角 48°、长度 935m、ϕ6.6m 的全断面 TBM 开挖，最高月进尺 115.5m，平均月进尺 71m。

4.2 平洞 TBM 应用实例

1. 西康铁路秦岭隧道Ⅰ线出口段

西康铁路秦岭隧道是西安—安康铁路的重点控制工程，Ⅰ线全长 18.448km，Ⅱ线全长 18.457km，通过区为秦岭中山区，穿越我国两大水系——长江与黄河水系。受多期构造运动的影响，裂构造发育，岩脉穿插频繁，隧道穿越山体长，洞埋深变化较大，跨越多个构造断裂带和不同地质造段，所以工程地质、水文地质条件复杂。Ⅰ线出口段岩石为混合片麻岩，岩石单轴抗压强度 100～250MPa，TBM 总共完成开挖 5720m。

设备类型及参数：敞开式岩石隧道掘进机，开挖直径 8.8m，主机长 22m，总长 256m，总重 1750t，掘进行程 1.8m，驱动功率 3400kW。

该施工段自 1998 年 2 月施工至 1999 年 8 月完成，最高日掘进 35m，最高月掘进 509m，平均月掘进 301m。

2. 新疆大阪输水工程

新疆大阪输水隧洞为无压引水隧洞，长 31.28km，纵坡 1/1016，衬砌后内径为 6.0m，隧洞洞身位于地表以下 120～200m。采用 TBM 法与钻爆法相结合的施工方案。TBM 施工段总长为 24.2km，围岩主要岩性为碳质泥岩、泥岩、泥质粉砂岩、中粗细砂岩（含土沙砾石），部分洞段为凝灰质安山岩、凝灰岩，整体以Ⅳ类、Ⅴ类围岩为主。

设备类型及参数：双护盾式岩石掘进机，开挖直径 6.79m，总长近 324m，包括 12.96m 长主机和由 37 节台车组成的后配系统，最小转弯半径 500m。

TBM 施工段从 2005 年 11 月步进开始至 2010 年 1 月掘进完成。TBM 施工段开挖期间最高日掘进 58.3m，最高月掘进 1003m，平均月进尺约 480m。

3. 大伙房输水工程 TBM2 标

大伙房输水工程输水隧洞长 85.32km，开挖洞径 8.03m，埋深大部分在 100～300m 之间，最大埋深 600m。它位于辽宁省东部本溪市桓仁县和抚顺市新宾县境内，主要是将浑江上桓仁县境内桓仁水库发电尾水，利用西江和凤鸣两座电站作为调节池，经特长隧洞自流引水至新宾县境内苏子河汇入大伙房水库；再通过水库取水头部，经有压输水隧洞和下游输水管线向辽宁省中、南部地区 7 城市输送生活及工业用水。输水隧洞施工采用以掘进机为主、钻爆法为辅的联合作业方式，中间设置 14 条施工支洞。前 23.52km 采用钻爆法施工，后 61.80km 中除部分地质条件复杂段采用钻爆法施工外，主要采用 3 台敞开式 TBM 施工，分成 TBM1、TBM2、TBM3 三个施工段。TBM2 标段全长 22.46m，围岩主要以Ⅱ～Ⅲ类为主，洞室围岩比较稳定。

设备类型及参数：敞开式岩石隧道掘进机（TB803E），开挖直径 8.03m，掘进行程 1.8m。

2008 年 7 月 TBM2 标全线贯通，施工期间月最高掘进 750.6m，平均月掘进 452m。

4. 锦屏二级水电站 3 号隧洞

锦屏二级水电站位于四川省凉山彝族自治州木里、盐源、冕宁三县交界处的雅砻江干流锦屏大河湾上，是雅砻江干流上的重要梯级电站。其上游紧接锦屏一级水电站，下游为官地水电站。锦屏二级水电站电站总装机容量 4800MW，单机容量 600MW。3 号隧洞开挖洞径 13m，衬砌后洞径 11.8m，洞线长度约 16.67km，一般埋深 1500～2000m，最大埋深 2525m，沿线地层岩性主要为三迭系中、上统的大理岩、灰岩及砂岩、板岩，Ⅱ、Ⅲ类围岩高达 95% 以上。工程区处于高地应力区，隧洞洞线中部最大主应力值可达 63MPa，属高地应力区，隧洞开挖中将发生强烈～极强岩爆。引水隧洞的岩溶形态以溶蚀裂隙为主，溶洞很少，且规模不大，但岩溶裂隙水丰富，且水压力大。

施工中采用钻爆法+TBM 法施工，其中 TBM 掘进长度 6295m。

设备类型及参数：敞开式 TBM，刀盘直径 12.4m，主机长 26.5m，总长 174.5m（连接桥及后配套长 148m），总重近 3000t。

TBM 施工段自 2008 年 11 月中旬开始试掘进，2011 年 2 月底掘进完成。开挖期间最高日掘进 33.67m，最高月掘进 682.92m，平均月进尺 228.10m（高应力地区，岩爆影响大）。

5. 引洮供水一期 7 号隧洞工程

甘肃省引洮供水一期工程包括 110.48km 总干渠，3 条总长 146.18km 的干渠、20 条总长 238.18km 的支渠及 2 条 47.02km 的城市供水管线、10 条 66.26km 的乡镇供水管线以及相应的配套工程。其中引洮供水工程一期总干渠 7 号隧洞，全长 17.295km，进口位于洮河流域，出口位于渭河流域，设计断面为圆形，纵坡为 1/650，采用单护盾 TBM 施工。隧洞设计开挖直径为 5.75m，管片衬砌后内径为 4.96m，隧洞最大埋深 368m。隧洞布置于白垩系、上第三系地层之中，围岩主要为白垩系和第三系地层的泥质砂岩、细砂岩、粉砂质泥岩，围岩单轴饱和抗压强度为 3.0～35.0MPa，围岩节理裂隙较发育—发育。地质条件复杂，围岩相变剧烈，岩性以软岩、极软岩为主，局部洞段有地下水活动。地下水具多层结构，局部有承压性，地下水受构造、地层岩性控制，分布与富集变化较大。隧洞围岩划分为不稳定Ⅳ类围岩和极不稳定Ⅴ类围岩，其中上第三系极软岩段划分为Ⅴ类围岩，新生代白垩系中硬岩和较软岩划分为Ⅳ类围岩，Ⅳ类围岩占隧道总长的 14%，Ⅴ类围岩占隧道总长的 86%。地质条件复杂多变，堪称地下“地质博物馆”，施工难度极大，被称为控制工期的“咽喉工程”。

设备类型及参数：单护盾式岩石隧道掘进机，开挖直径 5.75m，总长近 310m（机长 10.3m，后配系统由 36 节台车组成），设备总重 2599t，最小转弯半径 500m，设计最大掘进速度 120mm/min，装机总功率约 2300kW。

引洮供水工程一期总干渠 7 号隧洞前期采用一台国外品牌单护盾 TBM，

开挖直径 5.75m，在遇到破碎地层段掘进缓慢，造成涌水涌砂，推进极其缓慢。中铁装备于 2011 年初接到改造任务后，将 TBM 刀盘设计成可双向切削双向出渣，可有效解决单护盾 TBM 掘进滚转问题（国际首次采用这次技术）。改造后的 TBM 实现连续三个月单月掘进进度超过 1500m，并于 2011 年 11 月创造了单护盾 TBM 单月掘进 1868m 的世界纪录。

6. 重庆轨道交通六号线一期 TBM 试验段工程

重庆轨道交通六号线一期五里店—山羊沟水库敞开段 TBM 试验段工程，双线隧道，线路全长约 11.69km。该项目位于长江、嘉陵江汇合地带，穿越地层为侏罗系中统沙溪苗组泥岩、砂岩，岩层构造节理裂隙为较发育至不发育，岩体完整性较好，隧道围岩级别为Ⅲ～Ⅳ类围岩，岩性为砂岩，饱和抗压强度为 29.9～36.7MPa，地下水主要为基岩裂隙水和大气降水补给。

设备类型及参数：敞开式岩石隧道掘进机，开挖直径 6.36m。

该工程已于 2011 年 12 月全部完工。施工过程中，TBM 日最高掘进 46.8m，月最高掘进 862m，左、右线掘进平均月进尺分别为 407m 和 518m。

7. 新疆中天山隧道工程

南疆铁路二线吐库段中天山隧道位于新疆境内的天山山脉，穿越中天山北支博尔托乌山，海拔 1100～2951m，其最大埋深为 1700m；为两座单线隧道，左线长 22 449m，右线长 22 467m，全隧道为单面上坡，左、右线间距为 36m。采用 TBM 法加钻爆法的施工方案，即采用 2 台 TBM 从左、右线隧道进口端施工（在隧道右线掘进 11km，在左线掘进 10km），出口端采用钻爆法施工。隧道范围内地层岩性复杂，区域构造强烈，隧道通过的地层岩性主要为泥盆系片岩夹大理岩、绢云千枚岩，志留系变质砂岩与片岩互层及中元古界混合岩夹片麻岩、片岩夹大理岩，并分布有华力西期花岗岩、闪长岩，岩石饱和单轴抗压强度均在 30～120MPa 之间。

设备类型及参数：敞开式岩石隧道掘进机，开挖直径 8.8m，主机长 22m，总长 256m，总重 1750t，掘进行程 1.8m，驱动功率 3400kW。

左右线隧道分别于 2014 年 2 月和 2013 年 9 月贯通，施工期间左线月最高掘进 475m，月平均掘进 179m；右线月最高掘进 551m，平均月掘进 188m。

8. 辽西北引水工程 T6、T8 标段隧道施工

辽西北引水工程 T6 隧洞主隧洞施工开挖总长度 15.4km，隧道埋深 142～590m；T8 隧洞主隧洞段施工开挖总长度 18.059km，埋深 97～460m，主隧洞出口和 17 号支洞分别为岩石掘进机的进口和出口支洞，另布置一条 18 号中间辅助施工支洞。两条隧洞地层岩性主要为太古代混合花岗岩、二叠纪二长花岗岩、白垩纪石英二长岩，岩石干抗压强度多为 70～200MPa，石英含量高达 50%。其中 T8 隧洞Ⅱ类围岩占 31%，Ⅲ类围岩占 61%。隧洞施工面临岩石硬度高、断层破碎带多、磨蚀性颗粒含量高等工程难点。

设备类型及参数：敞开式岩石隧道掘进机，开挖直径 8.75m，总长 146m，设备总重 1220t，最小转弯半径 500m，装机总功率约 4435kW。

T6 隧洞于 2014 年 2 月 11 日始发掘进，于 2015 年 8 月 18 日全线顺利贯通，该设备在掘进期间创造了单日最高进尺 54m，单月最高进尺 836.9m，平均月进尺 686m。

T8 隧洞于 2014 年 1 月 21 日开始试掘进，于 2015 年 12 月 28 日全线顺利贯通，创造最高月进尺 955m，最高日进尺 55.5m。

9. 重庆市轨道交通环线区间隧道工程项目

重庆轨道交通环线设站 33 座，全长约 51km，其中轨道交通环线三段区间隧道左右线全长 6810m。由于重庆地铁地质以砂质泥岩、砂岩及泥质粉砂岩为主，且本标段区间隧道主要穿越上软下硬的不均地层，岩体裂隙发育不良，呈整体块状结构，中厚层状构造不均。尤其是隧道穿越城市道路，居民楼，高楼，桩基础立交匝道，且局部浅覆土，对地层变形控制要求高。部分地段砂岩岩体含钙质胶结，对刀具磨损较大。长距离穿越砂质泥岩，出现结

泥饼等现象。

设备型号及参数：ZTT6880 单护盾岩石隧道掘进机，开挖直径 6880mm，总长 104m，总重约 700t，装机功率约 2800kW。功能上，它集中了开挖、出渣、衬砌、豆砾石吹填、壁后注浆等功能于一体，实现了隧道施工的工厂化作业，并且还可以“变身”为土压平衡盾构。

该项目 2016 年 11 月三段区间隧道实现全线贯通，最高日最高掘进 24m，单月最高掘进 546m，双线平均月总掘进 360m。该项目是单护盾硬岩掘进机首次用于城市地铁施工，除了在环保、经济上都有显著的效果外，还拓宽了国内单护盾硬岩掘进机的应用领域。

10. “引故入洛”1 号隧洞工程

“引故入洛”引水工程是洛阳市重点民生工程，起点位于故县水库大坝下游 300m，终点位于洛阳新区关林水厂，工程输水线路全长 134.21km，包含 5 个隧洞总长约 17km，工程全线贯通后，日最大供水量为 43.2 万 m^3，可满足洛阳市区及洛宁县、宜阳县部分用户饮用用水。其中位于洛宁故县镇和下峪镇之间的 1 号引水隧洞，全长 6640m，是整个工程隧洞当中里程最长的隧洞，因其所处的复杂地质环境极易发生涌水、塌方等事故，施工难度最大，堪称“咽喉”工程。

设备类型及参数：敞开式 TBM，开挖直径 5000mm，整机长度约 275m，整机重量约 800t，最小水平转弯半径 235m。

2015 年 10 月底始发掘进，2017 年 7 月 1 日，1 号隧洞完成日最高掘进 66m，月最高进尺 1010m，月平均掘进 332m。

11. 吉林省中部城市引松供水工程Ⅱ标段

吉林中部城市供水工程是吉林省有史以来调水规模最大、输水线路最长、受区域最广的水利工程，输水线路总干线长 371.54km，干线工程设计总工期为 6 年。Ⅱ标段位于吉林市丰满水库至温德河左岸之间，总长度 22 600m，隧道采用一台敞开式 TBM 开挖。该标段 TBM 施工分为两个阶段，总长 19 797m。隧道坡度 1/4300，最大埋深 536.8m，Ⅱ类围岩所占比例为 32.80%，Ⅲ类围岩所占比例 56%，Ⅳ类、Ⅴ类围岩所占比例 11.2%。沿线主要岩石为凝灰岩、花岗岩，抗压强度为 74～169MPa。

设备类型及参数：ZTT7930 敞开式 TBM，开挖直径 7930mm，整机长度约 185m，整机重量约 1500t，装机功率约 5000kW，最大掘进速度超过 120mm/min。

2015 年 3 月 26 顺利始发掘进，2015 年 7 月开始，进入Ⅱ类花岗岩坚硬地层，2016 年 1 月第一区间贯通，累计掘进 6865m，最高日进尺 86.5m，刷新了国内敞开式 TBM 最高日进尺纪录，最高月进尺 1209.8m，平均月进尺 725m。

12. 吉林省中部城市引松供水工程第Ⅲ标段

吉林省中部城市引松供水工程是国务院确定的 172 项重大水利工程之一，是吉林省有史以来投资规模最大、输水线路最长、受益面积最广、施工难度最高的大型跨区域引调水工程。

工程从丰满水库调水至吉林省中部城区。工程的供水范围为长春市、四平市、辽源市及所属的 11 个市、县、区的城区，以及供水线路附近的 25 个镇。中部供水工程总体布局，主要由输水线路和配套的调节及连接建筑物等组成。包括一条输水总干线、一处分水枢纽、三条输水干线、干线末端三个调节水库、十二条输水支线、支线七个调节（检修）水库和各线路上相应交叉及附属建筑物，工程总造价 110 亿元。

吉林引松供水总干线第三标段是整个中部引水工程施工中单段最长，施工突发地质灾害最多，施工最困难的控制性标段，位于吉林市永吉县境内岔路河至温德河之间，主洞轴线线路桩号 24+300～48+900，总长度 24 300m。工程主要内容包括 24 300m 长引水隧洞、2 号竖井（37+204 位置）、三条施工支洞（4、5、6 号支洞），引水隧洞采用 TBM+钻爆法同时施工。

设备类型及参数：敞开式岩石隧道掘进机，开挖直径 7.93m，主机长 25m，主机重 620t，总长 151m，掘进行程 1.8m，装机总功率约 3000kW。

2013 年 12 月 28 日开工建设至 2017 年 5 月 05 日止，累计完成隧洞总进尺 18 491.4m（其中主洞 16 500.4m、支洞 1910.5m、竖井 80.5m），日最高掘进 70m，班最高掘进约 40m。

13. 吉林省中部城市引松供水工程第Ⅳ标段

吉林中部城市供水工程是吉林省有史以来调水规模最大、输水线路最长、受区域最广的水利工程，输水线路总干线长 371.54km，干线工程设计总工期为 6 年。

引松供水工程总干线施工Ⅳ标段位于吉林省吉林市岔路河至饮马河之间，线路总长 22.955km。该工程是吉林省重大水利工程——吉林省中部城市引松供水工程的重要组成部分。隧洞采用以 TBM 掘进为主，钻爆法为辅的施工方法，中间设辅助施工支洞，TBM 掘进总长 20 198m。该标段有 7km 的灰岩段，有 12 条断裂破碎带、5 条低阻异常带、溶洞等，地质复杂多变、施工管理跨度大、冬季施工时间长。

由国内厂家自主研制的直径 7.93m 的岩石掘进机（TBM），应用于吉林引松供水总干线 4 标项目。此台设备突破了 TBM 整机多系统协调控制集成技术，硬岩环境下高效破岩的刀盘高强度、非线性布置、小刀间距设计技术，不良地质条件下的高效、安全、快速支护系统设计技术，复杂多变地质条件的 TBM 三维激发极化超前地质探测预报技术等多项技术难题。

设备类型及参数：敞开式岩石隧道掘进机，开挖直径 7.93m，总长近 190m（主机长 25m，后配系统由 8 节台车组成），设备总重 1220t，掘进行程 1.8m，最小转弯半径 500m，设计最大掘进速度 150mm/min，装机总功率约 4620kW，设计寿命 25km。

自 2015 年 5 月始发以来，先后完成了碱草甸子、小河沿段以及出口至 8 号支洞区间的贯通，克服了多处溶腔溶洞群、炭质板岩段、断层破碎带、土层侵入洞段、特大涌水涌泥等不良地质，历经 14 个月完成掘进进尺 8581m，平均月进尺达 613m。其中，在 2016 年 5 月完成月进尺 1226m。

14. 引汉济渭工程秦岭隧洞越岭段岭南段

引汉济渭工程是国务院确定的 172 项目重大水利工程之一，已写进国家十三五规划纲要，是陕西省全局性、战略性、基础性、公益性水资源配置工程，工程地跨黄河、长江两大流域，调水枢纽分别位于汉中市洋县境内汉江干流黄金峡和汉中市佛坪县与安康市宁陕县交界的汉江支流子午河三河口，受水区为陕西省关中地区渭河沿岸西安、咸阳、渭南、杨凌四个重点城市及其他十八个县城、工业园区，受益人口 1441 万人。调水工程由黄金峡水利枢纽、山河口水利枢纽和秦岭输水隧洞（黄三段和越岭段）组成。输水工程由黄池沟配水枢、南干线、北干线及 21 条支线组成。工程采取一次立项，分期配水的建设方案，逐步实现 2020 年配水 5 亿 m^3，2025 年配水 10 亿 m^3，2030 年配水 15 亿 m^3，秦岭输水隧洞设计流量为 $70m^3/s$。

秦岭隧洞越岭段是引汉济渭工程的关键性控制工程，隧洞全长 81.779km，最大埋深约 2000m，隧洞采用具有国际先进水平的全断面硬岩掘进机（TBM 掘进机）和钻爆法相结合的施工方法，隧洞岭脊段 35km 采用 2 台 TBM 掘进机相向施工，其中岭南 TBM 掘进施工段长 17 820m（K28+510～K38+400、K38+430～K46+360）由罗宾斯公司设计的敞开式 TBM 施工开挖。

设备类型及参数：敞开式岩石隧道掘进机，开挖直径 8.02m，整机总长 317m，总重 1400t。

2015 年 2 月 15 日开始试掘进，截至 2018 年 5 月底已经完成掘进 7km，施工月最高进尺 400m。

15. 引汉济渭工程秦岭隧洞越岭段岭北工程

秦岭隧洞越岭段是引汉济渭工程的关键性控制工程，隧洞全长 81.779km，最大埋深约 2000m，隧洞采用具有国际先进水平的全断面硬岩掘进机（TBM 掘进机）和钻爆法相结合的施工方法，隧洞岭脊段 35km 采用 2 台 TBM 掘进机相向施工，其中岭北工程 TBM 掘进机单机连续掘进 16.69km。岭北隧洞围岩等级主要为Ⅲ级、Ⅳ级和Ⅴ级，围岩以千枚岩、变砂岩为主，岩石饱和单轴抗压强度 16～92MPa。工程区段通过 14 条断层，断层岩性为碎裂岩、糜棱岩、断层角砾以及断层泥砾，宽度 30～190m 不等。

设备类型及参数：敞开式岩石隧道掘进机，刀盘直径 8.02m，整机全长约 209m，总重约 1543t。

2014 年 6 月 15 日试掘进以来，截至 2018 年 7 月底已经完成 16km 掘进，最高月进尺 868m。

16. 兰州水源地建设工程项目Ⅱ标

兰州市水源地建设项目输水隧洞为压力引水隧洞，按远期年引水能力 8.3 亿 m^3 设计，工程等别为Ⅱ等大（2）型，主要建筑物级别为 2 级，次要建筑物级别为 3 级，临时建筑物级别为 4 级，永久建筑物设计洪水标准为 50 年一遇，校核洪水标准为 200 年一遇，工程估算总投资 568 715 万元，其中输水工程投资 281 485 万元。输水隧洞主洞全长 31.29km，设计洞径 4.6m，起点为临夏州永靖县刘家峡大坝上游右岸 4km 处，终点为兰州市即将新建的彭家坪水厂、芦家坪水厂，是整个水源地建设项目的关键性控制工程。项目施工方案为：输水隧洞建设采用 TBM 施工和钻爆法施工相结合的方式进行，其中，TBM 施工段位于输水隧洞中部，全长 24.65km，布置 2 台 TBM 相向掘进，最大埋深 918m，施工距离长，岩石硬度高。Ⅱ标段从刘家峡向西固寺儿沟方向掘进，主洞加支洞总长 13.25km，其中 TBM 进行支洞掘进长度为 3.05km，主洞掘进总长 7.45km。地层岩性为裂隙发育的花岗岩，地质条件复杂多变，沿线要穿过岩体破碎带，并伴有涌水风险。

设备类型及参数：双护盾式岩石隧道掘进机，开挖直径 5.48m，总长约

415m，主机长 11.7m，22 节后配套台车，设备总重 1200t，装机总功率约 2765kW，最小转弯半径 500m，最大掘进速度可达 120mm/min，设计寿命大于 150 00h。整机集成技术、硬岩环境下高效破岩的刀盘刀具设计，不良地质条件下的应急处理设计等技术已经达到世界先进水平。

该 TBM 从设计到制造下线历时 5 个多月，于 2016 年 2 月 4 日始发，截至 2017 年 6 月底最高月进尺 758.14m，最高日进尺 43.5m，平均月进尺 449m。

17. 兰州水源地建设工程项目Ⅲ标

兰州市水源地建设项目输水隧洞为压力引水隧洞，按远期年引水能力 8.3 亿 m^3 设计，工程等别为Ⅱ等大（2）型，主要建筑物级别为 2 级，次要建筑物级别为 3 级，临时建筑物级别为 4 级，永久建筑物设计洪水标准为 50 年一遇，校核洪水标准为 200 年一遇，工程估算总投资 568 715 万元，其中输水工程投资 281 485 万元。输水隧洞主洞全长 31.29km，设计洞径 4.6m，起点为临夏州永靖县刘家峡大坝上游右岸 4km 处，终点为兰州市即将新建的彭家坪水厂、芦家坪水厂，是整个水源地建设项目的关键性控制工程。项目施工方案为：输水隧洞建设采用 TBM 施工和钻爆法施工相结合的方式进行，其中，TBM 施工段位于输水隧洞中部，全长 24.65km，布置 2 台 TBM 相向掘进，最大埋深 918m，施工距离长，岩石硬度高。

兰州水源地建设工程项目Ⅲ标从西固寺儿沟往刘家峡上游方向掘进，线路区穿越地形地貌依次由中低山向黄土源及梁茆区过度，最高海拔约 2690m，位于陈井乡太平掌附近，最低海拔 1600m 左右，位于彭家坪水厂附近。线路区沟谷发育，并穿越黄河、洮河两条大型河流，沟谷走向多与线路走向呈大角度相交。该标线路长度约 14km，TBM 掘进段总长约 12.3km，沿线穿越地形地貌依次由中低山向黄土源及梁茆区过度，施工地以Ⅲ、Ⅳ类为主，岩石抗压强度 15～75MPa，最大埋深 954m。施工线路较长地段存在岩体较稳定地段，但存在断裂带，每条断裂带长度 50m 左右，涌水、突泥风险较高。

设备类型及参数：ZTT5490 双护盾式岩石隧道掘进机，开挖直径 5.49m，总长近 318m，包括 12m 长主机和由 25 节台车组成的后配系统，设备总重 1250t，装机总功率约 3400kW，最大掘进速度可达 120mm/min。

该设备 2016 年 5 月始发掘进，截至 2017 年 6 月底已完成首段 5.56km 的施工，最高月进尺 988.969m，最高日进尺 54.16m，平均月进尺 506m。

18. 新疆 ABH 输水隧洞Ⅳ标工程

新疆 ABH 流域生态环境保护一期工程，位于天山西部，是 2014 年新疆维吾尔自治区确定的 12 大国家重点工程之一，计划工期 86 个月，至 2022 年 12 月 1 日完工。工程隧洞长全长约 42km，开挖洞径为 6.53m，设计输水流量 $70m^3/s$，隧洞坡度为 2‰。隧洞主要以Ⅱ、Ⅲ类围岩为主，围岩单轴抗压强度大多在 80～180MPa 之间，该隧洞穿越多条断层带，断层及不整合接触带地下水发育。Ⅳ标工程 TBM 需要连续掘进约 16.8km。沿线穿越有“大埋深、围岩大变形、强岩爆、穿越大断层破碎带、高地温、岩体蚀变破碎带”等世界级工程地质难题，是目前 TBM 施工最具挑战性的隧洞。

设备类型及参数：“大埋深、可变径”斜井敞开式 TBM，开挖直径 6.53m，整机长度约 250m，重量约 1250t，最小转弯半径为 500m，最大适应坡度±11%，总功率约 4700kW，其中刀盘驱动功率 2800kW，额定扭矩 4510kN·m，最大推力 2000kN。特别是能在距离地面 2000m 的埋深处作业，且可根据施工需要开挖直径在 6.53m 和 6.83m 之间进行调整。因此，这台 TBM 比一般的具有“大埋深、可变径”的特殊本领。

2016 年 6 月初开始设备组装，截至 2017 年 4 月 15 日已经完成 2.17km 掘进，其最高日进尺 48m。

4.3 小转弯半径掘进设备应用实例

小转弯半径掘进设备主要应用于市政工程中，目前应用最为广泛的是日本。日本的下水道建设始于 19 世纪末，伴随着城市化建设的发展，市政管道施工受到众多环境情况的制约，难度也逐步提升。为满足日本国内市政供水、排水及管廊工程建设的需要，日本在小转弯半径盾构机方面取得了长足的发展。其小转弯半径盾构设备直径范围可达 2～7m，转弯半径适用范围为 8～30m，图 4－1 为日本小松生产的小转弯半径掘进机系列图。

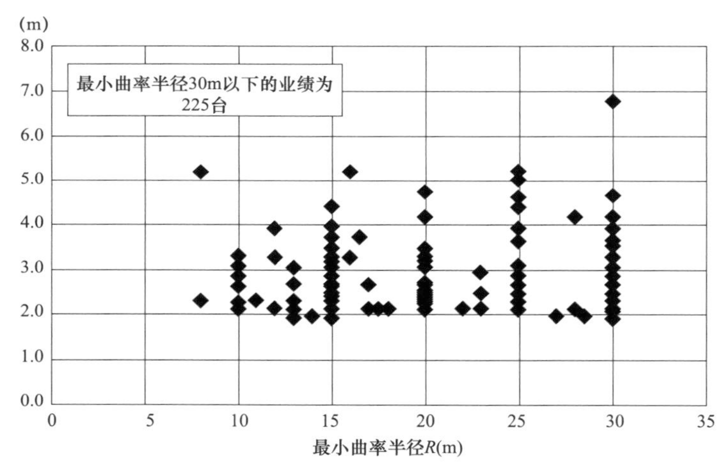

图 4－1　小转弯半径掘进机产品系列分布图

1. 三泽川第 4 号雨水干线筑造工程

三泽川第 4 号雨水干线筑造工程位于日本青森县三泽市，是一条全长约 600m、平均覆土厚度约 7m 的雨水管渠。工程采用 ϕ3.94m 土压平衡盾构施工，隧道成型内径 ϕ3.0m，管片外径 ϕ3.8m。由于受施工用地影响，该工程在距始发井约 70m 有一处转弯半径 12m 的 S 形急曲线。

设备类型及参数：土压平衡盾构，开挖直径 3.94m，主机长 5.355m，铰接度 10.3°，最大排土量 53.6m³/h。

通过这些实际的优化手段，隧道线形实现了良好的精度控制。施工后隧洞轴线对比见图 4-2。

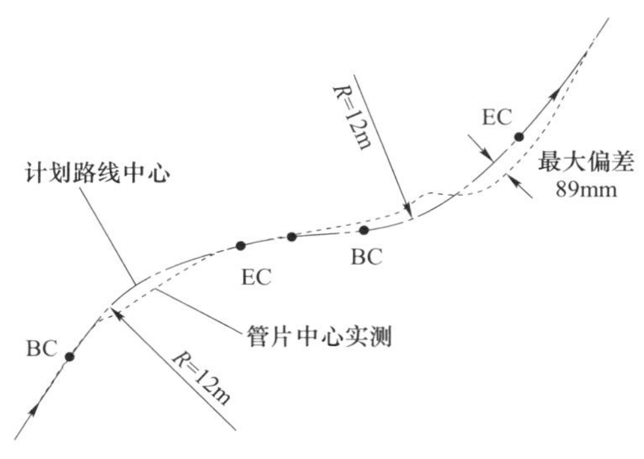

图 4-2　实际开挖轴线对比图

第5章

TBM 施工关键技术问题及一般分析方法

5.1 平洞 TBM 掘进方法

TBM 的基本施工工艺：刀盘旋转破碎岩石，岩渣由刀盘上的铲斗运至掘进机的上方，靠自重下落至溜渣槽，进入机头内的运渣胶带机，然后由带式输送机转载到矿车内，利用电机车拉到洞外卸载。掘进机在推力的作用下向前推进，每掘够一个行程便根据情况对围岩进行支护。

TBM 工作循环支撑式掘进机的工作循环见图 5－1。

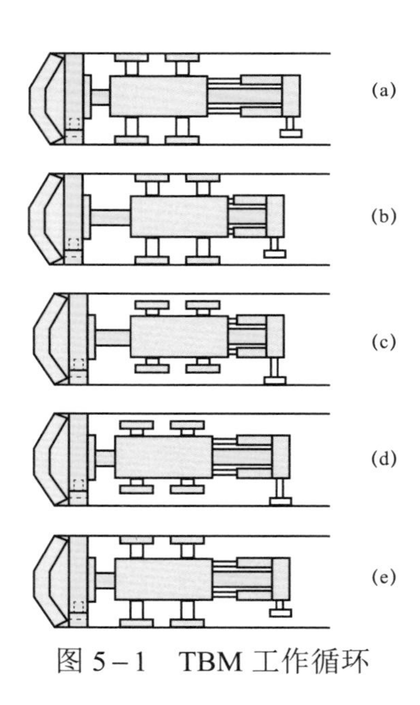

图 5－1　TBM 工作循环

（1）掘进行程图。支撑板撑紧洞壁→前、后下支撑回缩→刀盘旋转→推进油缸推进刀盘。

（2）换步行程。前、后下支撑落地→刀盘停止旋转→支撑板回缩→推进油缸拉回支撑及外机架。

（3）准备下一次掘进行程。

5.2　斜井 TBM 掘进方法

斜井 TBM 先利用主撑靴对岩壁施加压力，固定掘进机；然后靠中部主千斤顶推动刀头切削岩石掘进，根据千斤顶的行程，一般一次可掘进 1～1.5m；再通过前撑靴与岩壁压紧，放松主撑靴，缩回主千斤顶，把掘进机后部机体拉向前，这样就完成一个掘进循环。TBM 掘进方法示意图见图 5－2。

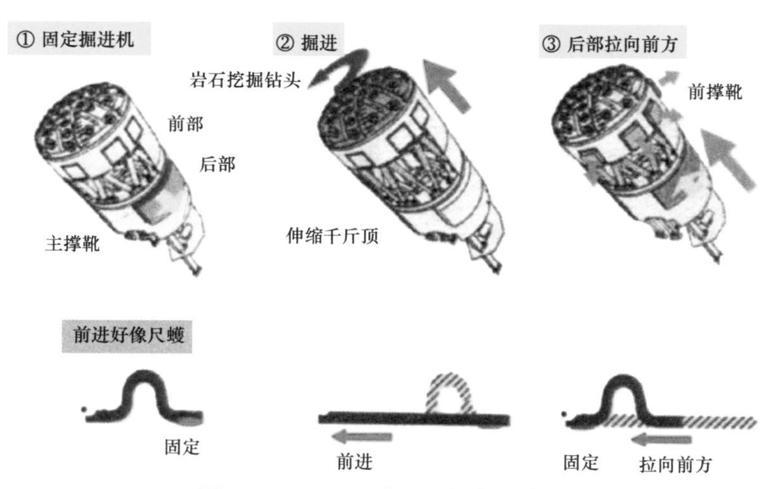

图 5－2　TBM 掘进方法示意图

5.3　TBM 施工技术应用关键问题及分析方法

目前国内 TBM 施工技术主要应用于公路、铁路、水利和矿山行业的长隧洞，斜井 TBM 施工技术主要应用于日本和欧洲国家的抽水蓄能电站。抽水蓄能电站地下隧洞复杂，距离短，开挖断面种类多，通过对国内外 TBM 施工技术的应用分析，抽水蓄能电站应用 TBM 施工的关键技术问题主要为以下几个方面。

1. 地质条件

（1）岩石单轴饱和抗压强度。

岩石的单轴饱和抗压强度是影响 TBM 掘进的关键因素。从国内外 TBM 施工情况看，在饱和抗压强度 150MPa 以内的中硬岩中掘进效率相对较高，饱和抗压强度超过 150MPa 则掘进困难；饱和抗压强度过小，则难以提供必要的掘进反力，掘进效率反而不高。

（2）岩体完整性。

岩体完整程度是影响 TBM 掘进难易的又一主要控制因素。从国内外 TBM 施工情况看，当岩石饱和抗压强度和石英含量差异不大时，TBM 掘进效率主要取决于岩石的完整程度，TBM 适应于较完整和较破碎状态的岩体。

（3）岩石硬度和耐磨性。

岩石硬度和耐磨性是影响 TBM 掘进难易的又一主要因素。岩石中矿物颗粒特别高硬度矿物颗粒如石英等的大小及含量，决定了岩石的耐磨性，岩石硬度越高，耐磨性越好则 TBM 掘进效率越低，刀盘消耗率越高。

2. TBM 超前地质预报

抽水蓄能电站地质、水文条件是 TBM 施工应用的制约因素，不同型式的 TBM 施工设备有明确的地质适应范围，TBM 超前地质探测技术是 TBM 应用的关键问题，对于长隧洞尤为重要。

由于长隧洞在施工前的地质勘查不可能做得十分详尽，因此常常在施工中出现一些不可预见的地质灾害，例如涌水、岩溶、瓦斯、断层、膨胀岩、高地应力、围岩大变形等。因此，TBM 在掘进过程中，必须有超前地质探测的保证。

TBM 超前地质预报为 TBM 掘进施工中隧洞地质监测的重要组成部分，它包括隧洞围岩描述、水文地质监测、施工地质测绘、围岩变形监测、围岩类别判别、仪器现场量测、不良地质体预报及相应的地质、测试资料分析和成果整理等工作，并及时提供超前地质预报成果资料。

TBM 超前地质预报工作主要是对围岩及水文地质条件进行监测、对不良地质体进行预报，及时获取现场第一手地质资料和仪器测试数据，是地质预报工作成败的关键，同时现场地质工作和仪器测试与隧洞 TBM 掘进施工相互干扰、又相辅相成。因此，进行超前地质预报的地质工程师要在充分了解前期地质工作的基础上，对隧洞的工程及水文地质条件进行认真的调查，时时跟进 TBM 施工，在 TBM 检修维护的空隙时间里及时地进行仪器测试，保证采集的资料、数据准确无误，并尽快提供分析成果，为围岩支护和不良地质体的超前处理提供依据。

3. 技术可行性分析

为克服复杂的地质条件和自然环境条件，提高隧洞的掘进效率，保证施工的安全性和结构的可靠性，TBM 隧道掘进技术经常被作为首选的隧道开挖技术。抽水蓄能电站中涉及的隧洞可能具有埋深变幅大、单洞长度短的特点，以及复杂的工程地质条件和自然气候条件，决定了在 TBM 施工中必然会遇到诸如存在有害气体条件下的隧洞通风；断层处理；高地应力岩爆；地下涌水等技术难题。对 TBM 技术可行性分析的重点是掌握 TBM 施工段的地质情况，对 TBM 设备进行慎重的针对性设计，保证其对不同地层具有必要的适用性，对涌水、围岩失稳等突发问题有可靠的应对措施，对 TBM 不易在洞内更换的关键部件进行耐久性设计，制订相应的运行措施。其次，切实重视并落实施工过程的地质超前预报工作，解决好通风、运输、排水等施工保障问题。

在进行及时可行性分析时需通过对设备厂家的调研，研究 TBM 设计制造、组装及拆除、出渣、辅助材料运输、排水、地质变化适应性、掘进方向及角度控制、设备造价等方面的性能，论证应用于抽水蓄能电站工程的技术可行性。

4. 施工设备选型

对目前已广泛应用的敞开式 TBM、单护盾 TBM、双护盾 TBM 的技术性能和地质适应性分析比较，确定广泛适用于抽水蓄能电站的设备类型。

TBM 选型应包括三方面内容：① 钻爆法施工与采用 TBM 法施工之间的选择；② 敞式开式 TBM 与护盾式 TBM 之间的选择；③ 同类 TBM 之间结构、参数比较选型。

以上三方面内容在 TBM 选型时并非是截然分隔，往往在最初阶段对采用钻爆法施工与采用 TBM 法施工之间的选择时，同时就考虑了支撑式 TBM 与双护盾 TBM 之间的选择和同类 TBM 之间结构、参数比较选型，进入阶段不同考虑深度也就逐步深入。

5. 出渣方式研究

根据 TBM 施工工艺要求结合抽水蓄能电站隧洞开挖特点，通过对有轨、无轨及皮带运输出渣方式的比较分析，综合考虑运输效率、洞内作业环境、施工进度要求确定合理经济的出渣方式。

6. 施工通风方式分析

通过对压入式、抽出式以及压入抽出混合式等不同方案的比较分析，从通风效率、能耗、安全可靠性等方面确定合理的通风方案。

7. 施工排水分析

根据抽水蓄能电站地质水文条件以及 TBM 设备的性能，研究 TBM 施工时隧洞（平洞及斜井）施工区系统排水方案。

8. 不良地质条件的应对

由于 TBM 设备庞大，对地质条件的适应性不如钻爆法灵活，如果在没有预警的情况下遇到不良地质条件，往往会导致掘进速度缓慢、效率低下、工期拖延，甚至有可能带来灾难性的严重后果。昆明掌鸠河引水供水工程、山西万家寨引黄工程、台湾平林公路隧道以及荷兰南部的西斯凯尔特河隧道等，在 TBM 通过不良地质地段时均发生了诸如突水、塌方、卡机等工程事故，威胁着施工人员及机械设备的安全，并造成长时间的停机处理。因此，为了避免类似事故的发生，必须根据 TBM 自身特点及不良地质条件的具体情况及时采取相应的处理措施，以保证 TBM 安全、顺利地通过不良地质地段。常见不良地质情况有：

（1）断层破碎带，断层破碎带是绝大部分隧道工程都不可避免地要遇到的不良地质条件，如何安全、顺利地通过断层破碎带是隧道工程取得成功的关键，往往会成为影响工期的重要因素。

（2）挤压地层，挤压地层是一个需要十分关注的影响 TBM 正常掘进的重要因素之一，隧洞的快速收敛经常会导致混凝土管片衬砌的变形、破损，严重时还会导致卡机事故的发生。

（3）地下水，当隧洞位于区域地下水位线以下时，地下水将会对掘进过程产生不良影响。掘进过程中的突水经常会导致围岩失稳、坍塌，甚至淹没隧洞，危及洞内施工人员及设备的安全，给施工带来严重影响。

（4）岩溶由于 TBM 采用全断面掘进，机身将开挖断面完全封堵，只能进不能退，因此，当 TBM 在岩溶发育地区掘进时，溶洞的处理就成为 TBM 掘进中较难解决的问题之一。如果处理不当，常会造成管片整体下沉、接缝张开、错台严重等工程问题，甚至会导致机头下沉、陷落等恶性事故的发生。

（5）膨胀岩，膨胀岩具有膨胀、崩解、软化等一系列不良工程特性，在 TBM 掘进过程中，如果处理不当，常会造成隧洞变形、撑靴反力不足、围岩坍塌，甚至导致刀盘被卡等工程事故。

结合抽水蓄能电站隧洞的地质条件和 TBM 设备的支护性能，研究分析施工过程中出现断层破碎带、突涌水等不良地质情况时，TBM 施工的应对措施。

9. 安全经济合理性分析

钻爆法：① 人工钻爆人工费已经提高，安全风险增大，效率较低；② 目前火工品管控严格，每逢节假日不能进行正常施工，而且火工品的采购受区域限制，实际购买价格已达 16 000～20 000 元/t；③ 钻爆法受技术要求，工程开挖质量超欠挖严重，安全管控风险较大。

TBM 施工基本不受环境限制，现场操作人员均为专业技术人员，工作面需要的操作人员较少（一般 3～5 人），安全风险极大降低，开挖质量验评优良率可达 99%，开挖效率极大提高（800～1000m/月）。

结合公路、铁路及矿山行业应用 TBM 施工的经验分析，隧洞开挖中应用 TBM 施工具有安全、经济、环保的优点。TBM 施工技术应用研究中需调研相关正在应用 TBM 施工技术的工程案例，结合抽水蓄能电站隧洞特点，从施工安全、质量、进度、施工辅助设施投入、施工环境影响等方面就 TBM 与其他施工机械设备（全断面自动钻孔设备）进行对比分析研究，提出 TBM 在抽水蓄能电站中应用的安全经济合理性条件。

第 6 章

文登抽水蓄能电站 TBM 应用研究

6.1 工程条件

6.1.1 工程简介

文登抽水蓄能电站位于山东省威海市文登区界石镇境内，东距文登区公路里程约 35km，对外交通方便。电站装机容量 1800MW，电站布置 6 台单机容量为 300MW 的立轴单级混流可逆式水泵水轮机组。文登抽水蓄能电站枢纽工程由上水库、下水库、水道系统、地下厂房、开关站及出线场等部分组成。

6.1.2 水文气象条件

1. 流域概况

该工程下水库坝址位于西母猪河的支流楚岘河，柳林庄村西约 1km 处，坝址以上集水面积 17.93km^2，河长 9.55km，比降 30.5‰。上水库坝址位于昆嵛山最高峰泰礴顶东侧宫院子沟沟脑部位，坝址以上集水面积 0.77km^2，沟长

1.35km，比降 287‰。

母猪河古称黑水河、木渚河，是文登区第一大河，干流长 65km，流域面积 1115km²，有东西两大干流，西干流发源于昆嵛山，东干流发源于正棋山林子顶，两条干流在道口村汇合后于高岛西侧流入黄海。

2. 水文气象

（1） 气温。

根据文登区气象站 1971～2005 年气温资料统计，下水库多年平均气温 11.6℃，多年平均最高气温 16.6℃，多年平均最低为 7.3℃。月平均气温以 1 月最低，为 −2.5℃，最高的 7 月平均气温 24.6℃；极端最低气温 −22.2℃（1976 年 12 月 29 日），极端最高气温 35.7℃。上水库年平均气温 7.7℃，年平均最高气温 11.6℃，年平均最低为 3.6℃；极端最低气温 −24.3℃，极端最高气温 32.1℃。

（2） 降水。

工程上、下水库所在流域为西母猪河支流，地处胶东地区东部、昆嵛山主峰泰礴顶南侧，受昆嵛山地形影响，降水量明显高于低丘和平原。泰礴顶雨量站多年平均降水量 1172mm，流域内的无染寺雨量站多年平均降水量 903.1mm，文登区气象站的多年平均降水量仅 771.4mm，地域差异较大。

（3） 蒸发、风、相对湿度、地温、冻土。

根据文登区气象站 1971～2005 年蒸发资料统计，该工程多年平均蒸发量为 1458mm。年平均风速 3.2m/s；月平均风速最大为 4.2m/s，最小为 2.3m/s；全年 4 月风速最大，最大风速 23.7m/s（1987 年 4 月 21 日），风速一般白天大于夜间。最多风向为 NNW。多年平均相对湿度为 72%，各月平均相对湿度变化幅度在 63%～85%之间。最小相对湿度为 2%。多年平均地温 13.5℃，平均最高 27.5℃，平均最低 5.9℃。

6.1.3　工程地质条件

6.1.3.1　区域地质稳定性及地震

文登抽水蓄能电站站址位于胶东半岛东部，大地构造上处于胶东断块隆起区。工程区处于金牛山断裂、东殿后断裂和老母猪河断裂所围地块内，站址西距金牛山断裂、仙姑顶断裂分别为 14km 和 10km，北距东殿后断裂 5.5km，东距老母猪河断裂 12km。工程区及外围分布有大范围的岩浆岩侵入体。新生代以来以整体性、间歇性抬升和沉降为主，第四纪新构造活动逐渐减弱，近场区无全新世活动断裂，区域构造稳定性较好。

电站工程场地设计 50 年超越概率 10%、5%和 100 年超越概率 2%、1%时，工程区地震动峰值加速度分别为 0.1g、0.13g、0.21g 和 0.25g。相应地震基本烈度为Ⅶ度。

6.1.3.2　工程区地质概况

1. 地形地貌

工程区位于昆嵛山山脉最高峰泰礴顶东南侧，地势总体上为西北高、东南低，地面高程 100～800m，主要冲沟有宫院子沟、苇夼沟、六度寺沟等，沟内多有冲洪积物分布。宫院子沟位于工程区北侧，靠近沟源部位形成三面环山且较开阔的山间洼地，在洼地沟口筑坝形成上水库。下水库区位于楚岘河上游柳林庄至昆嵛山水库河段，位于工程区南侧。输水系统位于上、下水库间的大过顶山脊沿线，地形变化较大，地面高程 150～660m，山脊两侧发育有六度寺沟、苇夼沟两条较大的冲沟，沟谷切割较深，并有冲洪积物分布。

2. 地层岩性

工程区出露基岩主要为晚元古代晋宁期二长花岗岩（$\eta\gamma_2^3$），中生代印支期黑云角闪（或角闪黑云）石英二长岩（ηo_5^1）及石英正长岩（ξo_5^1）。

二长花岗岩主要分布于上、下水库库区及地下厂房系统和输水系统中段，石英二长岩主要分布于上、下水库库（坝）区及输水系统大部分区域。石英二长岩与二长花岗岩呈混熔接触，接触界限不明显，而且不存在软弱接触带和接触蚀变带，只是过渡带岩性结构局部有所变化。二长花岗岩中出现长石斑晶，呈斑状结构，囊状不连续分布，岩石物理力学性质无太大差异。石英正长岩主要分布于下水库坝址区，与围岩呈侵入接触，岩体内可见花岗岩捕虏体。分布范围较小。

在二长花岗岩、石英二长岩、石英正长岩中均有后期侵入的岩脉，主要为煌斑岩脉（X），本阶段共发现煌斑岩脉 30 余条，一般宽度为 1.0～4.0m，个别较宽为 8.0～12.5m，其发育方向与工程区主要构造线方向基本一致，以近 E－W 向陡倾角为主。岩脉与围岩多呈紧密接触，局部沿断层侵入的岩脉被挤压的比较破碎，形成碎裂岩等，沿断裂构造面附近岩石有局部蚀变现象。

覆盖层则主要为第四系冲积、洪积、崩积及残坡积物等，主要分布于上水库库盆、下水库河谷等主要冲沟内。

3. 地质构造

工程区断层以近 E－W 向最为发育，而其他方向断层相对不发育。工程区出露的规模较大的断层主要有 F_3、F_5、F_{12}、F_{10} 等。根据勘探平洞资料，NEE 向断层多呈压扭性，一般透水性微弱，NWW～NW 向断层与最大水平主应力方向接近呈张性～张扭特性，一般透水强烈。

工程区裂隙主要发育如下两组，一组为 NEE、NWW 向接近 E－W 向的裂隙组成，延伸较长，优势产状为 NW275° SW∠80°，在工程区内起控制性作用，各种岩脉走向基本上与本组裂隙走向一致。另一组为 NWW 向缓倾角裂隙组，倾角一般小于 30°，优势产状为 NW278° SW∠30°，一般延伸较短。其余裂隙规律性较差，优势产状不明显。

4. 物理地质现象

岩石风化受地形、构造影响明显，一般缓坡地段风化厚度较大，陡崖地段风化厚度较小；山梁岩体风化厚度较大，沟底岩体风化厚度较小；规模较大断层破碎带易形成层状和球状风化。工程区三种岩性均为块状岩体，卸荷作用较弱，卸荷带厚度均较小。工程区沟谷深切，部分地形形成基岩裸露的峭壁，加之存在的岩体卸荷风化以及构造裂隙的组合切割，产生局部岩体崩塌现象。岩石的崩塌现象主要受地形及结构面组合切割控制。以岩块崩塌为主，一般崩塌块径 0.5～3m，最大达 10 余米。崩塌岩体主要发生在石英二长岩构成的山脊以及二长花岗岩分布地区。崩塌岩体分布范围较小。

5. 水文地质条件

工程区地下水按其埋藏条件可分为两种类型，第四系孔隙潜水和基岩裂隙水，地下水储存运移规律主要受地形地貌及构造发育所控制。孔隙水主要分布在两条主要河流及其支流沟谷的第四系松散堆积物中，主要接受大气降雨和周围基岩裂隙水的补给。基岩裂隙水主要呈脉状或带状储存于断层、裂隙和风化带之中，以接受大气降水补给为主，以泉水或地表径流形式排向河谷平原区。

本区出露的岩体以侵入岩为主，岩体较完整，透水性较弱，其水文地质条件较为简单，地下水主要沿断层破碎带、张性裂隙和风化壳等呈脉状或带状分布，地下水位总体上随地势的升高而抬高，同时还受断裂构造及岩脉的影响，动态变化较大，年变幅一般 5～30m。

6. 地应力

工程区测试的最大主应力方向，在不同部位往往有差异。地应力三个主

应力之间的关系为 $S_H > S_V > S_h$，最大水平主应力占主导地位，工程区的水平构造作用力明显；测区最大水平主应力方向为 NWW 向，现今构造应力场以 NWW 向或近 E－W 向挤压为主；工程区为中等应力区，在测量深度范围内没有明显的应力异常，主应力值随深度增加而增大，但增加的梯度不大；在测量深度范围内岩性为石英二长岩和二长花岗岩，在两种岩性内，地应力大小和主压应力方向无明显改变。

7. 岩体（石）物理力学特性

工程区石英二长岩、二长花岗岩及石英正长岩均为高强度、高弹性模量的坚硬岩石，一般岩体作为建筑物基础及围岩，具有较为优良的工程地质特性。

6.1.4 输水系统工程地质条件

6.1.4.1 一般地质条件

1. 地形地貌

输水系统位于上、下水库之间近 S－N 向的条形山体内，沿线山脊高程在 150～660m 之间，山体走向近南北向，沿山脊分布有两处较大的地形垭口，两垭口宽度分别为 100m 和 220m 左右。

2. 地层岩性

输水系统沿线基岩主要为石英二长岩和部分二长花岗岩，局部发育有少量煌斑岩、石英岩等岩脉。

石英二长岩在输水系统沿线均有分布，二长花岗岩则主要分布在高压管道岔管及厂房附近，二者呈混熔接触。

输水系统沿线发育有 7 条煌斑岩脉，走向近 E－W 向，陡倾角，宽度一般为 1～4m，其中 X6 规模较大，宽 8～26m。

覆盖层为第四系崩积及残坡积物，零星分布于地表。

3. 地质构造

输水系统沿线构造主要表现为断层及裂隙。输水系统沿线断裂构造发育，断层走向以近 EW 向为主，优势产状为 NW275° SW∠75°，与输水系统大角度相交，对边墙及顶拱的稳定影响较小。但位于尾水隧洞段的 F_5、F_{12} 及高压管道中平段的 f_{11-23} 等断层规模较大，断层及其影响带宽度均在 10m 以上，带内物质主要为碎裂岩及碎块岩，对相应洞段的稳定影响较大。另外高陡倾角断裂面对压力斜（竖）井围岩稳定较为不利，需加强支护。

裂隙发育方向大部分呈 E－W 向，主要有 2 组：

（1）近 E－W 向陡倾角裂隙组：该组裂隙由 NEE、NWW 向接近 E－W 向的裂隙组成，优势产状为 NW275° SW∠80°。

（2）NWW 向缓倾角裂隙组：该组裂隙倾角一般小于 30°，总计 155 条，约占总统计条数的 6%，优势产状为 NW278° SW∠30°。

4. 岩体风化特征

输水系统地表出露岩体风化程度有一定差异，石英二长岩风化较强，全、强风化带厚度 3～10m，上水库进/出水口地段风化带较厚，为 15～30m，最大深度达 55m，弱风化带厚度 20～30m；二长花岗岩风化较弱，弱风化带厚度 15～25m，局部呈强风化。较大的断层、岩脉通过部位风化较深。输水系统隧洞由于埋深较大，围岩以微风化～新鲜岩体为主。

5. 水文地质条件

输水系统沿线地下水位较高，但大部分岩体透水性微弱，外水压力可作适当折减，局部断层及张性裂隙切割洞段岩体透水性较强，需采取排水措施。

6. 地应力

根据岔管附近钻孔地应力测试成果给出的岔管所在高程的应力值范围为：最大水平主应力为 11.44～19.51MPa，最小水平主应力为 7.10～13.01MPa，垂直主应力为 10.66～12.39MPa。

7. 围岩类别划分

对探洞 PD1（含支洞）和 PD11 围岩结果进行比较对照及各种类型岩体所占的百分比。三类围岩分类方法中，Ⅱ类以上围岩所占百分比分别为 72.3%、71.4%、65.9%，基本一致，说明地下洞室岩体质量非常好，以Ⅰ、Ⅱ围岩为主，而Ⅳ～Ⅴ类围岩均不超过 15%，主要发育于尾水系统部位，而厂房及高压管道系统部位围岩基本上为Ⅱ类以上。

6.1.4.2 输水系统主要工程地质问题及评价

1. 洞、井围岩稳定问题

整个输水系统围岩条件相对较好，除上水库进/出水口及尾水洞外的洞段均以Ⅰ～Ⅱ类围岩为主，局部洞井受断层影响，以Ⅳ～Ⅴ类为主。

对于碎裂结构岩体，次生填泥普遍，并有一定数量的长大泥化结构面存在，属于Ⅲ类围岩，建议对Ⅲ、Ⅳ级结构面部位及洞、井等的交叉部位进行系统的锚喷支护处理，以确保施工期的围岩稳定。

对于结构面相互交切，形成不同形态的分离结构体，在洞、井开挖过程中产生这种塌落比较常见，建议在洞、井开挖后有针对性的采取随机锚固支护。

2. 内水压力及渗透稳定问题

拟定岔管部位围岩满足最小主应力准则，在内水压力作用下，不可能发生大范围水力劈裂；下平段及岔管所在区域裂隙不发育，根据高压压水试验成果，完整岩体的劈裂压力在 9.0MPa 以上，远高于岔管最大内水压力 7.3MPa，满足围岩渗透稳定要求。

拟定岔管区域工程地质条件较好，具备修建钢筋混凝土衬砌的条件，但钢筋混凝土衬砌加高压灌浆的处理方式具有一定的风险性，建议岔管区域采取钢管型式。

6.1.5　地下厂房系统工程地质条件

6.1.5.1　一般地质条件

1. 地形地貌

厂房布置于小过顶下部山体内，距离下水库的水平距离约 1640m，山顶高程为 450～500m，厂房上覆岩体厚度约 350m。地表左右两侧发育有与厂房轴线近垂直的冲沟，沟底高程为 350～400m。

2. 地层岩性

地下厂房区岩性以晚元古代晋宁期黑云角闪二长花岗岩和中生代印支期黑云角闪石英二长岩为主，二者呈混熔状态，岩性界线不是很明显，以二长岩占多数。根据厂房探洞 PD1 及 PD1－1 地质资料，在两种岩性接触带未发现岩石蚀变等不良地质现象。

覆盖层为第四系崩积及残坡积物，零星分布于地表。

3. 地质构造

地下厂房区揭露大小断层 53 条，以近 E－W 走向倾向南的陡倾角断层为主，优势产状为 NW275° SW∠80° ～85° ，其中多数为Ⅲ～Ⅳ级结构面，宽度一般小于 1m，延伸短。

厂房区裂隙以近 EW 走向倾向 S\N，陡倾角裂隙为主，优势产状为 NW275° SW∠60° ~90°，该组裂隙约占总统计条数的 50%。另外，还发育一组近东西向缓倾角结构面，优势产状 NW275° SW∠0° ~30°，该组裂隙约占 7%；其余方向的裂隙也有发育，约占总数的 43%。

4. 物理地质现象

厂房区地表出露岩体以弱风化为主，局部强风化。弱风化带厚度约 7~10m，弱风化岩石沿裂隙两侧多受铁质浸染或含有水锈，裂隙内多有风化岩屑或泥质充填。地下厂房系统建筑物多为深埋洞室，围岩以新鲜岩体为主，仅在构造发育部位，如断层带两侧、长大裂隙两侧岩体有风化蚀变迹象。

5. 水文地质条件

厂房区的地下水位高程为 350~400m，高出厂房顶拱约 300m，外水压力较大，但一般岩体透水性微弱，仅在 f_{202}、f_{203} 断层部位透水性相对较强。

6. 地应力

厂房区地应力与输水系统地应力基本一致。

6.1.5.2 主要工程地质问题评价

1. 围岩稳定问题

厂房系统断层不发育，仅发育 2 条Ⅳ级结构面，均为长大裂隙型断层，对厂房稳定影响较小；洞室围岩地应力为中等应力区，围岩强度应力比在 8 以上。厂房围岩大部分为Ⅰ类围岩，小断层切割部位为Ⅲ类围岩，且所占比例极小。因此厂房及主变室具有良好的整体稳定条件。

2. 地下厂房涌水问题

地下厂房区主要洞室处于电站各建筑物的最低部位，天然地下水位高于厂房顶拱 300～400m。上、下水库与地下厂房等洞室之间不存在断裂结构面形成的渗漏通道，但厂房部位断层 f_{202}、f_{203} 具有透水性，施工开挖期可能产生集中涌水现象。预测涌水量为 4500m^3/d。

3. 有害气体及放射性

根据测量结果：主洞及支洞内 Rn 浓度在 783.2～4792.5Bq/m^3 之间变化，平均值为 2324.07Bq/m^3，探洞内 Rn 浓度普遍超过 400Bq/m^3 的国家标准，人在 Rn 浓度超标的环境下长期作业有害人体健康，有效的治理措施为断裂封堵和洞内通风。

6.1.5.3 地下厂房系统其他建筑物工程地质条件及评价

地下厂房系统主要附属建筑物主要为进厂交通洞、地下厂房通风洞、通风支洞、地面开关站、出线洞和排风洞等。

进厂交通洞各类围岩所占总体比例约：Ⅰ类围岩约占 58%，Ⅱ类围岩约占 32%，Ⅲ类围岩约占 7%，Ⅳ～Ⅴ类围岩约占 3%。存在围岩稳定问题，应采取一定的支护措施；同时应有排水设施。

地下厂房通风洞各类围岩所占总体比例约：Ⅰ类围岩约占 59%，Ⅱ类围岩约占 26%，Ⅲ类围岩约占 12%，Ⅳ～Ⅴ类围岩约占 3%。存在围岩稳定问题，应采取一定的支护措施；同时应有排水设施。

通风支洞各类围岩所占总体比例约：Ⅰ类围岩约占 96%，Ⅳ～Ⅴ类围岩约占 4%。存在围岩稳定问题，应采取一定的支护措施；同时应有排水设施。

出线平洞、出线竖井围岩以Ⅰ～Ⅱ类为主，断层带部位为Ⅳ～Ⅴ类。洞室岩体以弱～微透水为主，除断层及其影响带部位涌水量较大外，其余洞壁大部分干燥。断层带部位需进行系统锚喷支护处理，并采取排水措施，其余洞段则以随机支护为主。出线竖井洞口位于弱风化岩体内，具备成洞条件。

排风平洞、排风竖井围岩以Ⅰ～Ⅱ类为主，断层带部位为Ⅳ～Ⅴ类。洞室岩体以弱～微透水为主，除断层及其影响带部位涌水量较大外，其余洞壁大部分干燥。断层带部位需进行系统锚喷支护处理，并采取排水措施，其余洞段则以随机支护为主。出线竖井洞口位于弱风化岩体内，具备成洞条件。

地面开关站布置于主变洞下游侧，地面高 325～350m，平台高程 330m。地表有残坡积层，厚度 1～3m，主要为腐殖土、块石碎石土夹孤石；出露基岩为石英二长岩，全风化带厚约 1～3m，强风化带厚度 2～5m，其下为弱风化层。开关站基础位于全风化～弱风化石英二长岩上，全风化层容许承载力值 300～500kPa，强风化层容许承载力 1000kPa，弱风化基岩地基承载力特征值可取 4～6MPa。

6.1.6 枢纽工程布置

6.1.6.1 工程等别及主要建筑物级别

文登抽水蓄能电站装机容量 1800MW，根据《水电枢纽工程等级划分及设计安全标准》（DL 5180—2003），该工程为一等大（1）型工程。永久性主要建筑物按 1 级建筑物设计，次要建筑物按 3 级建筑物设计。

6.1.6.2 上水库

上水库位于泰礴顶东侧宫院子沟沟首部位，采用开挖和筑坝方式兴建。库岸由西侧泰礴顶主峰及左右两岸东西向近于平行的山脊组成，在库盆东侧沟口布置一座混凝土面板堆石坝，利用库盆开挖料筑坝。堆石坝坝轴线处最大坝高 101m，堆石填筑 462 万 m^3，堆石料全部来源于库区开挖可利用料。

6.1.6.3 下水库

下水库由拦河坝、左岸侧槽溢洪道、左岸泄洪放空洞组成。下水库上游约 1.8km 处已建昆嵛山水库浆砌石拱坝，其右侧垭口布置一侧槽溢洪道，汛期洪水排泄至下水库。

6.1.6.4　水道系统

水道系统由引水系统和尾水系统两部分组成。引水、尾水系统均采用一管两机的布置形式，共有三套独立的水道系统。引水系统建筑物包括上水库进/出水口（含引水事故闸门井）、高压管道（含高压岔管、高压支管）。尾水系统建筑物包括尾水支管、尾水事故闸门室、尾水混凝土岔管、尾水调压室、尾水隧洞、下水库进/出水口（含尾水检修闸门井）等。水道系统总长约 3087m，其中引水系统长度 1379m，尾水系统长度 1708m。1 号高压管道轴线方位角为 NW334.478°，2 号高压管道轴线方位角为 NW333.605°，3 号高压管道轴线方位角为 NW332.736°，3 条高压管道经过高压岔管后，6 条高压支管轴线方位角转为 NW335°。主厂房位于水道系统中部，厂房轴线方向 NE65°，水道系统进厂方式为直进直出布置，尾水隧洞轴线方位由 NW335°～NW328°。

上水库进/出水口采用岸边侧式进/出水口，布置于右坝肩上游库岸，进/出水口左边墙距大坝坝脚最近距离约 40m，进/出水口轴线方向与坝轴线夹角 45°，进出水口中心线间距 31.8～34.7m。上水库进/出水口顺水流方向全长为 186.05m，沿发电水流方向依次为：防涡梁段、调整段、扩散段、渐变段、隧洞段、引水事故闸门井。上水库正常蓄水位 625.0m，死水位 585.0m。经计算，上进/出水口底板高程确定为 566.0m。在进/出水口前缘设一长 20.0m 宽 89.51m 的沉沙池，池底高程 564.0m。为保证进/出水口水流顺畅，设一明渠与上水库库底相连，明渠段沿发电水流方向长约 95.0m，底坡 1:5。

高压管道采用一管两机的布置方式，由高压主管、岔管和高压支管组成，采用钢板衬砌。1、2、3 号高压主管长 1107.84m、1108.10m、1108.58m。三条高压主管洞轴线间距由 34m 渐变至 48m，立面上采用双斜井布置，设有上平段、上斜段、中平段、下斜段和下平段，斜井角度为 55°。上斜段起点中心高程 556.709m，中平段末点中心高程为 350m，下平段中心高程 35m。从上平段到上斜段管径为 6.8m，之后经 9m 渐缩段管径由 6.8m 渐变为 5.8m 与弯管相接；中平段管径为 5.8m，在中平段末端经 9m 渐缩段管径由 5.8m 渐变为 5m；下平段管径为 5m，与高压岔管连接。钢衬外围回填混凝土厚度不小于 0.6m。

高压岔管距厂房上游边墙 50m，采用对称“Y”形内加强月牙肋型钢岔管，分岔角 70°，主管直径 5m，支管直径 3.3m，最大公切球直径为 5.7m，中心高程 35m。岔管主体最大钢板（800MPa）厚度为 78mm，肋板厚度为 150mm。

岔管后为高压支管，采用一机一管的布置方式。6 条引水支管相互平行，支管间距均为 24m，轴线为 NW335°，与厂房轴线垂直。引水支管中心线高程为 35m，1～6 号支管长 51.78～52.19m，内径 3.3m，在蜗壳进口厂前内径为 2.4m，长 3.15m。采用钢板衬砌，钢板为 800MPa，厚 50mm，钢衬外回填 0.6m 厚的素混凝土。

尾水支管为机组尾水管出口至尾水钢筋混凝土岔管之间的管段，共 6 条平行布置。尾水支管底板高程为 23.5～29.3m，内径 4.4m，自尾水管出口至尾水闸室后 30.0m 范围内的尾水支管采用钢板衬砌，钢板为 Q345 厚 16mm，钢衬外回填素混凝土厚为 0.6m，每条支管钢衬段长度 147.44m。

尾水事故闸门室位于主变室下游 50m 处，闸室轴线与厂房轴线平行。闸室通过 5.0m×5.0m（宽×高）的尾闸交通支洞与厂房交通洞连接。尾闸室为城门洞形结构，底板高程 42.3m，闸室段全长 146.1m，闸室宽 9.9m，高 19.8m。尾水事故闸室底部通过 6 个竖井与每个尾水支管相连，竖井井口平台高程 42.3m，井座底高程 29.3m。

尾水岔管采用“卜”形钢筋混凝土岔管，分岔角采用 60°。尾水隧洞采用一洞两机的布置方式，三条尾水隧洞在平面布置上，均有一个转弯，方位角由 NW335° 变为 NW328°，隧洞中心距由 48m 变为 35m。1 号尾水隧洞长 1393.43m，隧洞底坡 4.92%；2 号尾水隧洞长 1388.36m，隧洞底坡 4.93%；3 号尾水隧洞长 1383.29m，隧洞底坡 4.95%。尾水隧洞内径 6.8m，采用钢筋混凝土衬砌，衬砌厚度 0.6m，断层带衬砌厚度加厚至 0.8m。

每条尾水隧洞在尾水岔管下游 30m 处设一座尾水调压室，尾水调压室采用带上室的阻抗式复合结构型式，三座尾水调压室竖井中心连线与厂房轴线平行。上室为城门洞形，尺寸为147m×11m×15m（长×宽×高），钢筋混凝土衬砌，衬砌厚为0.8m，底板高程140.0m，顶拱155.0m，底板设1%的坡倾向竖井。上室间用隔墙隔开，隔墙厚1.5m。竖井为圆形，内径10.0m，钢筋混凝土衬砌，衬砌厚为0.8m，顶部高程140.0m，底部高程60.0m，高80.0m；竖井与尾水隧洞通过直径4.6m的“L”阻抗孔连接段连接，竖井中心距尾水隧洞中心15m。。尾调交通洞采用城门洞形，连接至厂房通风洞，由尾调交通洞可到达上室，交通洞断面尺寸为5.0×5.0m（宽×高），长965.40m。

下水库采用岸边侧式进/出水口，三个相同的下水库进/出水口平行布置，中心线方位角为NW328°，中心线间距35m。下水库进/出水口底板高程选为95m。下水库进/出水口顺水流方向全长为120.05m，沿发电水流方向建筑物主要有尾水检修闸门井及启闭机排架、隧洞段、渐变段、扩散段、调整段、防涡梁段及拦污栅排架。下水库进/出水口与尾水明渠相接，明渠长约75m，渠宽95.9m，底坡1:5，明渠首部为一长25m的沉沙池，池底高程93m。

6.1.6.5　厂房系统

厂区建筑物主要由地下厂房、主变洞、母线洞、进厂交通洞、地下厂房通风洞、排风竖井、出线洞、出线竖井、排水廊道、主变运输洞和地面开关站、出线场等组成。

地下厂房由主机间、安装场和副厂房组成，呈“一”字形布置，洞室总开挖尺寸为214.5m×25.0m×54.0m（长×宽×高，下同）。安装场布置在主机间左端，副厂房布置在主机间右端。主机间开挖尺寸为149.5m×25.0m×54.0m，安装场开挖尺寸为45.0m×25.0m×26.0m，副厂房开挖尺寸为20.0m×25.0m×54.0m。主机间内安装6台300MW竖轴单级混流可逆式水泵水轮机组，机组安装高程为35.0m。主厂房顶拱开挖高程为75.5m，底板开挖高程为21.5m。主机间分五层布置，分别是发电机层、母线层、水轮机层、蜗壳层和尾水管层。主厂房采用锚喷支护型式和岩壁吊车梁结构。

主变洞平行布置在主厂房下游侧，与主厂房净距离为40m，布置主变压器和 SFC 等设备。主变洞开挖尺寸为 226.5m×21.0m×22.0m。母线洞与主厂房、主变洞正交连通，一机一洞，断面为圆拱直墙型，净尺寸为 40.0m×8.5m×9.5m，布置母线、发电机断路器、换相隔离开关等设备。主变运输洞位于安装场和主变洞之间，净尺寸为 40.0m×6.0m×7.0m，用于主变压器的检修运输。

环绕主、副厂房、主变洞和尾水闸门室设有三层排水廊道，用于排除围岩渗水，兼做施工和人行通道。上层排水廊道设在主厂房顶拱高程，中层排水廊道设在主厂房发电机层高程，下层排水廊道设在主厂房尾水管层高程，断面尺寸均为 4.0m×3.0m。

进厂交通洞是通往地下洞室群的主要通道，全长 1537m，净尺寸为 8.0m×8.5m（宽×高），平均坡度 5.2%，从厂房左端墙进厂。地下厂房通风洞是地下洞室群的进风通道，全长 1487m，开挖尺寸为 7.5m×6.5m（宽×高），平均坡度 4.2%，位于厂房右端。两洞洞口高程为 130m，均位于 1 号公路旁边。

排风竖井是地下洞室群的排风通道，位于主变洞上游，断面为圆形，开挖直径 8.2m，高度 339m，洞口设排风机房。排风机房平台位于 1 号公路旁边，平台高程 405.5m。

地面开关站位于主变洞下游侧，出线洞由出线支洞、出线平洞、出线竖井组成。在主变洞下游侧边墙 58.1m 高程设三条出线支洞，三条支洞汇集到出线平洞，延伸至出线竖井。出线平洞尺寸为 4.0m×5.0m，洞长 435.7m。出线竖井位于地面开关站下部，开挖尺寸为 10.0m×10.0m，高度 261.2m。竖井内布置有电缆道、电梯和楼梯。

电站采用户内 GIS 高压配电装置型式。地面开关站位于主变洞下游，平台高程 330m，平台尺寸 110m×60m，由 4 号公路直接进场。地面开关站内布置有 GIS 开关楼、500kV 出线场等。

地面中控室布置于 1 号公路旁边的业主营地的办公楼内，距离进厂交通洞和地下厂房通风洞较近，地面高程 125m，布置中央控制室、办公室等。

工程地下系统布置见图 6－1 和图 6－2。

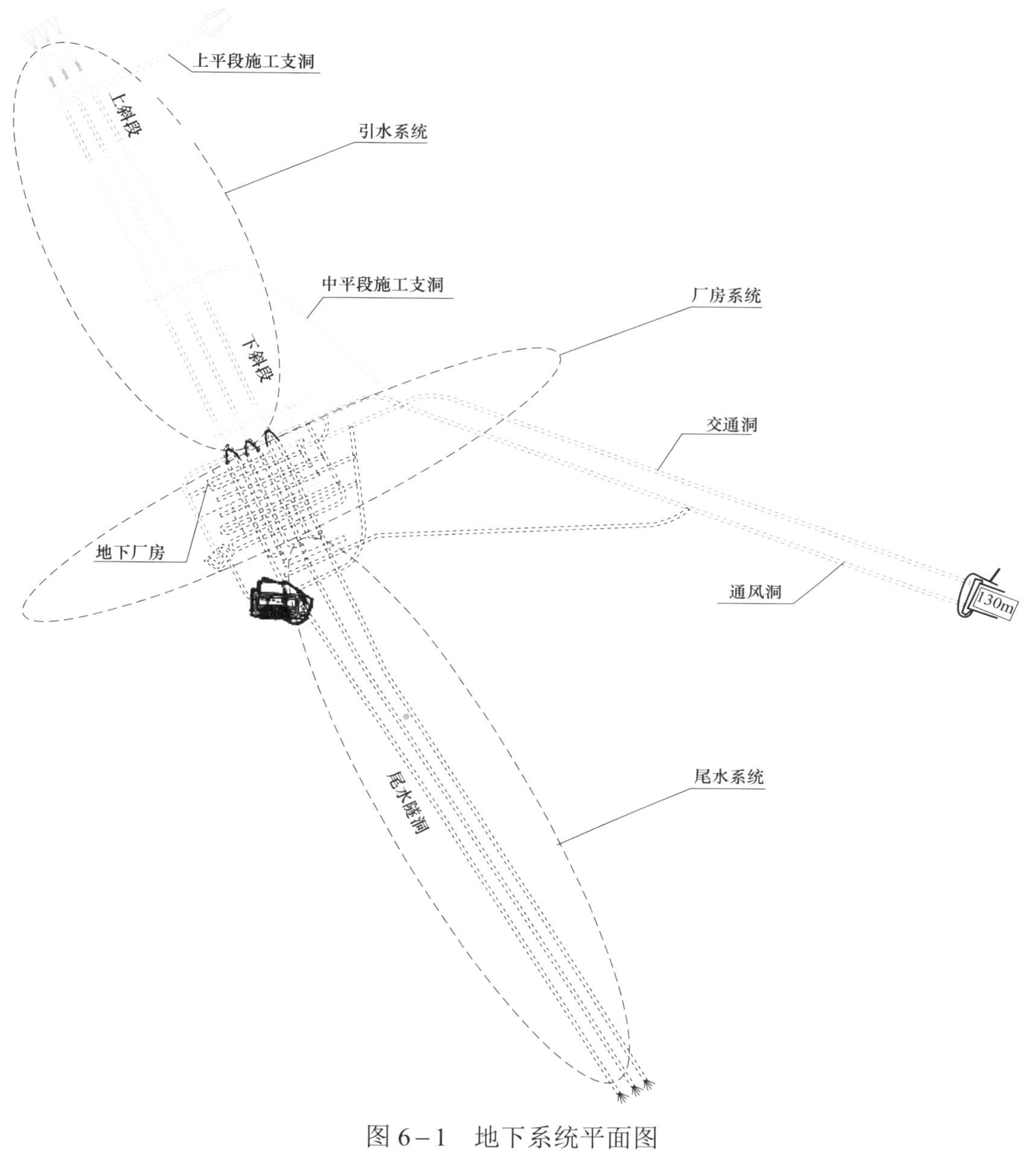

图 6–1　地下系统平面图

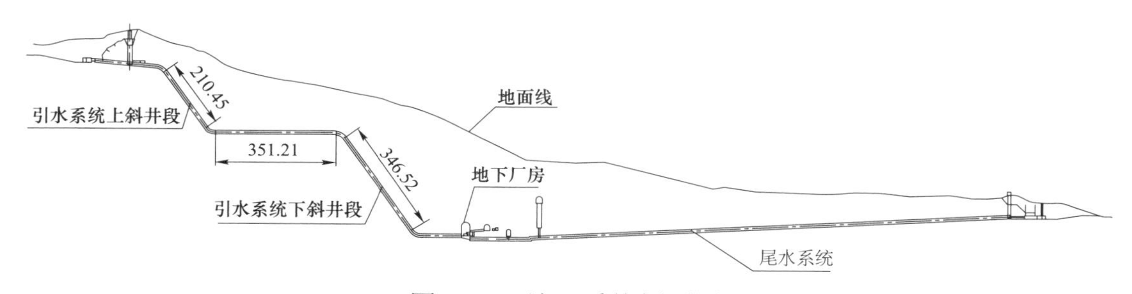

图 6–2　地下系统剖面图

6.1.7 施工条件

6.1.7.1 工程施工条件

1. 对外交通条件

文登抽水蓄能电站距文登区公路里程约 35km，现有 S205 省道经 G309 国道可达文登区。威海市文登区地处胶东半岛临海经济较发达地区，路网比较密集，现有胶济铁路、G309 国道、多条省道与威海、青岛及济南等大中城市相通，文登站和威海站均为地方铁路一等站，货运范围可达国内各地，交通十分发达。

距离电站最近的两座海运码头为威海石岛港和威海港，均为国家一级开放港口。威海石岛新港现有万吨级泊位 7 个，最大起吊重量为 300t，具备卸载重大件货物的能力。

工程区下水库附近有晒字～吕格庄乡镇简易公路通过，可作为电站施工期对外交通道路，工程对外交通比较方便。

2. 水电供应条件

昆嵛山水库位于该工程下水库大坝上游 1.8km，坝址处多年平均年径流量约 501 万 m^3，该水库现状库容约 405 万 m^3，水质良好，可作为生产、生活用水。

施工用电可由文登变电站、葛家变电站提供，35kV 线路长度分别为 35km、20km，其供电容量及供电可靠性均能满足电站施工用电需求。

3. 资源供应条件

电站主要外来建筑材料如水泥、钢筋、钢材、木材、火工材料、油料及生活等可由当地市场供应。电站距离文登区较近，交通方便，施工期汽车及机械设备的大中修可委托当地专业厂家进行。

6.1.7.2　工程施工总进度

该工程施工期划分为工程筹建期、工程准备期、主体工程施工期和工程完建期四个阶段。

筹建期安排 18 个月，主要为承包单位进场提供必要的施工设施；准备期安排 6 个月，主要为各项施工作准备及部分主体工程施工；主体工程施工期安排 56 个月，需基本完成所有的土建工程、金属结构安装工作，同时完成上、下水库初期蓄水，第 1 台机组（1 号）安装、调试及发电。完建期 15 个月，主要工作为 2、3、4、5、6 号机组及电气设备的安装、调试与发电，相应部分的二期混凝土浇筑及土建工程的收尾工作。

该工程施工控制性项目为地下厂房系统。施工关键路线为：施工准备，通风洞开挖及支护，厂房顶拱开挖及支护，厂房Ⅱ层开挖及支护，岩壁吊车梁混凝土施工，厂房中下部开挖及支护，主厂房，主厂房一期混凝土浇筑，6 号机组安装、二期混凝土浇筑，1 号机组调试、发电，2、3、4、5、6 号机组安装、调试、发电，工程竣工。

工程总工期 76 个月，建设总工期 94 个月。

6.1.8　工程特性表

该工程地下工程建筑物特性表见表 6－1。

表 6－1　　地下工程建筑物特性表

名　　称	单位	数值	备注
（一）水道系统			
1. 上水库进/出水口			

续表

名　　称	单位	数值	备注
（1）型式	侧式		
（2）底板高程	m	566.0	
2. 高压管道			
（1）主管条数/衬砌型式	条	3/钢筋混凝土、钢板	
（2）1 号主管长度	m	30、1107.84	
（3）主管内径	m	6.8～5.8～5.0	
（4）岔管型式	个	对称 Y 型	
（5）支管条数/衬砌型式	条	6/钢板	
（6）引水/尾水支管内径	m	3.3/4.4	
（7）1 号引水/尾水支管长度	m	50/194.18	
3. 尾水隧洞			
（1）尾水隧洞条数	条	3	
（2）1 号尾水隧洞长度/直径	m	1393.43/6.8	
（二）地下厂房系统			
1. 主、副厂房			
（1）断面型式		城门洞形	
（2）开挖尺寸（长×宽×高）	m	214.5×25×54	
（3）机组台数	台	6	
2. 辅助建筑物			
（1）交通洞尺寸（长×宽×高）	m	1537.0×8.0×8.5	
（2）出线洞尺寸（长×宽×高）	m	435.7×4×5	
（3）通风洞尺寸（长×宽×高）	m	1487×7.5×6.5	
（4）排风竖井（高度）	m	339/8.0	
（5）母线洞（长×宽×高）	m	40×8.5×9.5	
（6）交通电缆洞（长×宽×高）	m	40×2.5×6.0	
（7）出线竖井（高度）	m	261.2/8.8×8.8	

6.1.9　地下洞室地质条件分析

该工程区内分布有大范围的岩浆岩侵入体，新生代以来以整体性、间歇性抬升和沉降为主，第四纪新构造活动逐渐减弱，近场区无全新世活动断裂，区域构造稳定性较好。地下厂房系统和输水系统中段主要为二长花岗岩和石英二长岩。石英二长岩与二长花岗岩呈混熔接触，接触界限不明显，而且不存在软弱接触带和接触蚀变带，只是过渡带岩性结构局部有所变化。二长花岗岩中出现长石斑晶，呈斑状结构，囊状不连续分布，岩石物理力学性质无太大差异。地下洞室岩体质量非常好，以Ⅰ、Ⅱ围岩为主，而Ⅳ～Ⅴ类围岩均不超过 15%，主要发育于尾水系统部位，而厂房及高压管道系统部位围岩基本上为Ⅱ类以上，岩体最大饱和抗压强度为 130MPa。

岩石的单轴饱和抗压强度是影响 TBM 掘进的关键因素。从国内外 TBM 施工情况看，在饱和抗压强度 150MPa 以内的中硬岩中掘进效率相对较高，饱和抗压强度超过 150MPa 则掘进困难；饱和抗压强度过小，则难以提供必要的掘进反力，掘进效率反而不高。根据对工程地质条件的分析，该工程具备应用 TBM 的条件。

6.2　TBM 施工技术在抽水蓄能电站施工中的适用性分析

TBM 主要是利用机械压力对岩石土地进行切削、破碎，具有开挖、输送、测量导向等多功能于一体的优势。其最大特点是广泛使用电子、信息、遥测、遥控等高新技术对全部作业进行制导和监控，使掘进过程始终处于最佳状态。相对于传统钻爆法，它具有高效、快速、优质、安全等优点。同时采用 TBM 掘进还有利于环境保护和节省劳动力，提高施工效率，整体上比较经济。目前 TBM 技术已广泛地应用于交通、市政、水工隧洞工程。

全断面掘进机（TBM）施工方法主要以 TBM 为核心设备，以大型现代化装载运输机械为辅助设备，采用全断面掘进机法施工，掘进、出渣、衬砌、灌浆等工序一次完成，全断面一次成型，施工进度快，安全性好，通风要求低，衬砌支护工程量少。目前的 TBM 较之以前在性能上有了很大的改进，除有适用于良好围岩的敞开式外，还有适用于不良地质条件的单护盾、双护盾和三护盾 TBM，对地质条件有了更强的适应性。

TBM 虽然有高效、快速、优质、安全等优点，但是它也存在着不足之处："主要在于 TBM 对地质条件的适应能力较差、重量和体积太大不够灵活机动，此外，对操作人员的素质要求较高，在短期内投资较大，也常常限制了它的推广应用。因此，目前较多的隧洞工程往往采用常规钻爆法与 TBM 法相结合的施工方法，对隧道主体采用掘进机开挖，其余部分采用常规钻爆法；或先用掘进机挖导洞，然后再进行扩挖。

6.2.1 地下洞室适用部位分析及选定

文登抽水蓄能电站地下洞室主要由引水系统、地下厂房系统和尾水系统组成，具体布置图见图 6-1，地下洞室平洞总长 18.24km。单个洞室长度小于 100m 的总长 2251m；单个洞室长度小于 200m 的总长 2103m；单个洞室长度小于 300m 的总长 1185m；单个洞室长度小于 500m 的总长 2969m；单个洞室长度大于 1000m 小于 1200m 的总长 2237m；单个洞室长度大于 1200m 小于 1500m 的总长 4000m；单个洞室长度大于 1500m 小于 2000m 的总长 3495m，地下系统平洞长度分类见表 6-2。

表 6-2　　地下系统平洞长度分类统计表

长度分类	引水系统（m）	厂房系统（m）
＜50m	451.701	348.96
≥50m，＜100m	982.452	467.92

续表

长度分类	引水系统（m）	厂房系统（m）
≥100m，＜200m	1507.5	595.74
≥200m，＜300m	626.548	558.90
≥300m，＜500m	2060.459	908.30
≥1000m，＜1200m		2237.00
≥1200m，＜1500m	4000.077	0
≥1500m，＜2000m		3495.15
合计	9628.737	8611.97

单个洞室长度大于 300m 小于 500m 的单个洞室断面尺寸（宽 × 高）分别为：下层排水廊道 4.2m × 3.3m、出线平洞 4.0m × 7.0m、引水中平段直径 5.8m；单个洞室长度大于 1000m 小于 1200m 的单个洞室断面尺寸（宽 × 高）为：上层和中层排水廊道 4.2m × 3.3m；单个洞室长度大于 1200m 小于 1500m 的单个洞室断面尺寸（宽 × 高）为：尾水隧洞直径 6.8m；单个洞室长度大于 1500m 小于 2000m 的单个洞室断面尺寸（宽 × 高）分别为：进厂交通洞 8.0m × 8.5m、地下厂房通风洞 7.5m × 6.5m，地下系统平洞断面分类见表 6－3。

表 6－3　　地下系统断面分类统计表

隧洞名称	断面尺寸（宽 × 高，m）	长度（m）	长度分类
下层排水廊道	4.2 × 3.3	459	≥300m，＜500m
出线平洞	4.0 × 7.0	449	
引水中平段	直径 5.8	336/338/341	
上层排水廊道	4.2 × 3.3	1066	≥1000m，＜1200m
中层排水廊道	4.2 × 3.3	1171	
尾水隧洞	直径 6.8	1338/1333/1328	≥1200m，＜1500m
地下厂房通风洞	7.5 × 6.5	1938	≥1500m，＜2000m
进厂交通洞	8.0 × 8.5	1557	

根据目前地下洞室布置特性分析，最大断面和最长洞室为地下厂房通风洞和交通洞，而且通风洞和交通洞是控制抽水蓄能电站总工期的关键性项目，针对地下厂房通风洞和交通洞开展 TBM 应用研究，在缩短工程总工期和提高施工安全性方面具有研究价值。

根据对日本及欧洲国家的长斜井施工案例分析，在长度 400～900m 范围内其应用效果可靠稳定，而且随着斜井 TBM 技术的进步，对于长斜井越来越倾向于全断面一次开挖成洞。国外斜井 TBM 应用统计见表 6-4。

表 6-4　　　　国外斜井 TBM 应用项目统计表

序号	国家	类型	项目	长度	洞径（m）	倾角（°）	岩性
1	瑞士	有压输水	埃多松	1069	2.25	42	原生岩
2	瑞士	通风井扩挖	圣哥达	850	6.64	42	片麻岩
3	瑞士	通风井	圣哥达	476	3	40	花岗岩
4	意大利	有压输水	舍奥塔萨特位	1080	2.53	42.9	页岩
5	意大利	有压输水	舍奥塔萨特位	1080	3	42.9	页岩
6	意大利	有压输水	舍奥塔萨特位	1080	3	42.9	页岩
7	挪威	输水	西尔维克	800	2.53	45	片麻岩
8	瑞士	有压输水	Limmern 抽水蓄能电站	2100	5.2	40	—
9	日本	有压输水	下乡抽水蓄能电站	485	3.3（5.8）	37	—
10	日本	有压输水	盐原抽水蓄能电站	462	2.3（7.8）	52.5	流纹岩、凝灰岩和泥岩
11	日本	有压输水	葛野川抽水蓄能电站	771	2.7（7.0）	52.5	泥岩、砂岩
12	日本	有压输水	神流川抽水蓄能电站	961	6.6	48	泥岩
13	日本	有压输水	小丸川抽水蓄能电站	890	2.7（6.1）	48	花岗闪绿岩

同时根据目前国内已经完工的抽水蓄能电站来看，由于引水系统采用常规的施工技术手段（爬罐法或反井钻法），施工进度保证率不高，施工设备故

障率高，安全风险管控难度大，往往会造成整个工程发电工期滞后。所以本次根据国外斜井施工实例，并结合文登抽水蓄能电站的工程条件，选定引水斜井作为应用 TBM 施工技术的研究对象。

此外通过对目前小转弯半径盾构机的调研分析，适用于抽水蓄能电站小断面和小转弯半径（转弯半径 15m）洞室的 TBM，还处于设备研究及试验阶段。在小转弯半径硬岩 TBM 领域还需要进一步和国内外具有 TBM 研发能力的厂家合作研究，才能实现 TBM 在长距离小断面小转弯半径洞室开挖中的推广和应用。

综合以上因素分析，以国内外安全可靠、经济高效的 TBM 施工技术为基础，并结合文登抽水蓄能电站地下洞室的布置情况，主要针对文登抽水蓄能电站通风洞和交通洞、引水斜井进行 TBM 施工技术的应用研究；同时对地下厂房排水廊道 TBM 施工技术的应用提出一些建议。

6.2.2 技术可行性分析

1. 敞开式 TBM

敞开式 TBM 在较完整、有一定自稳性的围岩中施工时，能充分发挥出优势，特别是在硬岩、中硬岩掘进中，强大的支撑系统为刀盘提供了足够的推力。使用敞开式掘进机施工，可以直接观测到被开挖的岩面，从而能方便地对已开挖的隧道进行地质描述。由于开挖和支护分开进行，使敞开式掘进机刀盘附近有足够的空间用来安装一些临时、初期支护的设备如钢架安装器、锚杆钻机、超前钻机、喷射混凝土设备等，应用新奥法原理，使这些辅助设备可及时有效地对不稳定围岩进行支护，许多工程实例充分证明了敞开式 TBM 运用及时有效的支护措施，能够胜任软弱围岩和不确定地质隧道的掘进。

2. 护盾 TBM

在敞开式 TBM 的基础上结合盾构的结构型式，使开挖和衬砌同步完成而发展的护盾式 TBM，创造了掘进机高速掘进的纪录。2000 年一台直径 4.92m 双护盾机在山西引黄工程中创造了 1821.5m 的月掘进纪录。

护盾 TBM 利用已安装的管片提供推力完成掘进，是护盾 TBM 可以在软弱围岩和破碎地层中掘进的基础，它解决了敞开式掘进机在软弱围岩中撑靴不能提供有力支撑的劣势。

通过对 TBM 施工案例的分析，并结合目前抽水蓄能电站隧洞施工状况，如果采用传统的钻爆施工工法，每月正常掘进进尺不超过 150m，而采用先进的 TBM 施工法，每月正常情况可掘进 400～600m 以上；此外国产 TBM 设备费用也相对较低，以国产 8m 直径的开敞式 TBM 为例，售价约 1.7 亿元（2014 年价格水平），比同级别的进口 TBM 至少便宜 5000 万元，施工寿命达 20km 以上，性价比高，优势明显，技术可行性强。

6.2.3　施工设备选型

1. 施工对 TBM 选型的要求及原则

掘进机选型应满足以下要求：

（1） 功能要求：所选掘进机必须适合地质现状、符合隧道特性、满足隧道用途。

（2） 工期要求：工程施工对掘进机的工期要求应是包含掘进机前期准备、掘进衬砌、拆卸转场全过程的工期要求。

（3） 掘进机前期准备工作：设计、制造、运输、场地、安装、调试等应满足预定的隧道掘进开工的要求。

（4） 掘进机开挖总工期应满足预定的隧道开挖所需工期的要求。

（5）对边掘进边衬砌的掘进机，掘进机成洞的总工期应满足预定的成洞工期的要求。

（6）掘进机的拆卸、转场应满足预定的后续工序工期的要求。

（7）长距离掘进的要求。TBM连续掘进距离长，要求TBM具有良好的性能，较长的使用寿命，充足的备件和配件。由于不具备开支洞的条件，TBM长距离掘进对长距离通风、长距离供电、长距离运输和长距离供排水提出了较高的要求。要求有可靠性高、能力强的通风系统、供电系统、供排水系统以及能高效率运转的运输系统。

（8）掘方向的要求。要求TBM掘进方向能有效控制并能及时调整，TBM配置的导向系统应能保证隧洞最后贯通误差要求。

（9）处理不良地质灵活性的要求。

2. TBM选型

通风洞和交通洞施工段岩体主要以二长花岗岩为主，弱风化，完整程度为较完整，属于硬岩，岩石最大饱和抗压强度130MPa、岩体透水性差，隧洞沿线地下水丰富，地下水位较高，沿断层有渗水，TBM施工段I～II类围岩占79%，围岩自稳能力好。

引水系统岩体主要以二长花岗岩为主，弱风化，完整程度为较完整，属于硬岩，岩石最大饱和抗压强度130MPa、岩体透水性差，隧洞沿线地下水丰富，地下水位较高，沿断层有渗水，TBM施工段I～II类围岩占87%，围岩自稳能力好。

根据文登抽水蓄能电站通风洞和交通洞、引水系统地质适应性分析，隧洞大部分位于硬岩中，岩体较完整，石英含量为58%～64%。敞开式TBM适应性良好，对于沿线局部不稳定的断层和岩脉，结合超前地质预报，并通过TBM自身超前预注浆设备进行超前预加固和加强初期直护等措施，TBM设备具备安全有效通过的能力。

目前敞开式TBM硬岩切削支护能力和辅助施工设备在不断提高和完善，

TBM 已经能够完全适应本隧洞沿线地层地质条件，而且相同直径的 TBM 敞开式价格比双护盾的价格也低。

通过对目前洞室开挖应用的敞开式 TBM 和双护盾 TBM 的技术性能和地质适应性分析比较，确定适用于本方案的为敞开式 TBM。

6.3 通风洞和交通洞 TBM 施工技术应用研究

6.3.1 研究方案拟定

针对 TBM 高效、快速、优质、安全，且适合长距离隧洞施工的特点，本次将在现有通风洞和交通洞布置的基础上按功能不变的原则，对地下厂房通风洞和交通洞进行布置调整，以最大限度适应 TBM 施工需要。具体布置调整见图 6－3。

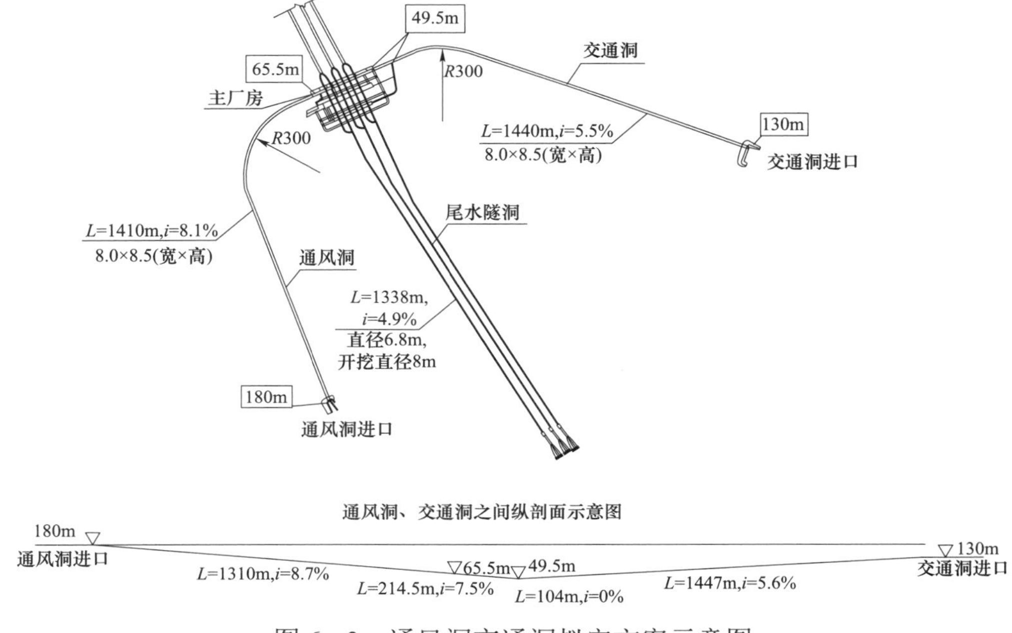

图 6－3 通风洞交通洞拟定方案示意图

6.3.2　地质条件

1. 工程地质

本方案交通洞进洞口发育残坡积碎石土，厚度 0.5～1m；围岩以石英二长岩为主，局部发育二长花岗岩，二者呈混熔接触，岩体多新鲜完整，块状～次块状结构。

根据前期勘探平洞及地质测绘资料，穿越进厂交通洞的断层共 7 条，穿过进厂交通洞的煌斑岩脉 2 条。

通风洞进洞口发育残坡积、冲洪积碎石土，厚度 0.5～2.5m；围岩以石英二长岩为主，局部发育二长花岗岩，二者呈混熔接触，岩体多新鲜完整，块状～次块状结构。

根据前期勘探平洞及地质测绘资料，穿越进厂通风洞洞的断层共 11 条，穿过通风洞的煌斑岩脉 3 条。

进厂交通洞及通风洞内裂隙不甚发育，多数属于完整性好的岩体。根据前期平洞内裂隙统计分析发现，裂隙以近 EW 走向倾向 S\N，陡倾角裂隙为主，优势产状为 NW275° SW∠60° ～90° 。

岩体以垂直风化和球状风化为主，受构造影响，沿断层多有带状或囊状风化，规模较大的断层两侧岩体风化程度均较强烈。全风化带度为 0～3m，强风化带度为 2～5m，弱风化带厚度为 15～25m。

天然地下水位高程目前为 140～350m，高于两洞约 0～370m，受断层影响，洞室开挖过程地下水泄出问题严重，需做好排水处理。

隧洞沿线地质剖面见图 6－4，沿线围岩分类统计见表 6－6。

2. 水文地质条件

隧洞沿线地下水类型为基岩裂隙水，主要以脉状或带状储存于断层带及

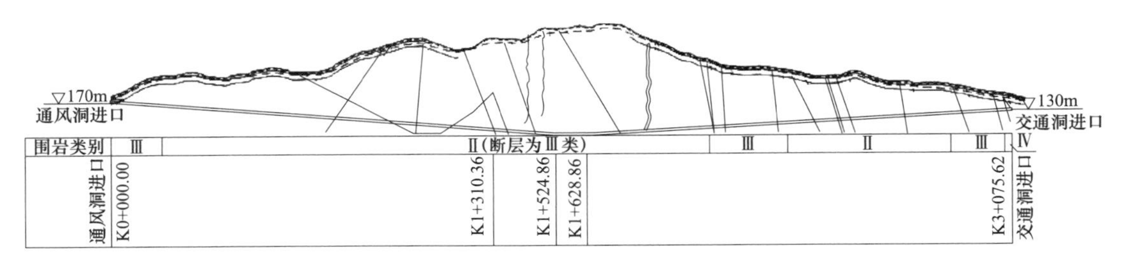

图 6-4　隧洞沿线地质剖面图

长大裂隙内。水文地质结构主要受近 E-W 向展布的断层及长大裂隙控制，是地下水良好的储存和运移通道。天然地下水位总体上北高南低、中间高两侧低，地下水通过两侧冲沟向下水库方向排泄。其中厂房区隶属于 F_{12} 与 f_{11-23} 之间的大小过顶水文地质单元，地下水具有承压特性，水位高程约 350～400m，高出厂房顶拱约 270～320m。根据前期各断层勘探过程中的涌水量估算，隧洞开挖过程中预测涌水量为 198.5m³/h。

3. 岩爆问题

发生岩爆及评价岩爆的强度等级应满足两个条件，一是洞室埋深大于临界埋深；二是岩石强度应力比值。岩爆临界埋深根据式（6-1）计算：

$$H_{cr}=0.318R_b(1-\mu)/(3-4\mu)\gamma \tag{6-1}$$

式中　H_{cr}——临界埋深，即发生岩爆的最小埋深，m；

R_b——岩石饱和单轴抗压强度，MPa；

μ——岩石泊松比；

γ——岩石重力密度，10kN/m³。

计算得出临界埋深（H_{cr}）为 578.4～673.5m，隧洞最大埋深 H（厂房段）350m，$H<H_{cr}$，不具备产生岩爆的埋深条件。

4. 有害气体及放射性

工程区岩性主要为晚元古代晋宁期二长花岗岩及印支期黑云角闪石英二长岩，均为侵入岩，一般情况下侵入岩放射性强度普遍偏高。地下厂房等地下洞室深埋于地下，是施工及运行期间人员日常生产活动的场所，因此对地下洞室环境放射性进行评价并提出防护措施是必要的。为此，在厂房主勘探平洞及厂房支洞总计 1250m 范围内进行了岩体的放射性检测及环境 R_n 浓度测定。

环境 γ 辐射测量结果：放射性测量结果主要反映了洞室中各种岩石的放射性强度，反映了印支期黑云角闪石英二长岩、晋宁期黑云角闪二长花岗岩放射性强度变化情况。从测量结果来看，隧洞岩石放射性强度整体偏高，洞内年有效剂量当量估算见表 6－5。根据国家标准，按照在洞内施工和运行人员的工作时间，除每年工作 365 个工作日、每日工作 12 个小时的工作人员接受的环境 γ 辐射年有效剂量当量平均值在 1.0mSv 以上，高于国家标准外，而表 6－5 内所列其他类型工作时间的工作人员接受的环境 γ 辐射年有效剂量当量平均值在 1.0mSv 以下，低于国家标准。

表 6－5　厂房主勘探平洞内年有效剂量当量估算结果

工作人员在环境中的停留时间（小时）	有效剂量当量 H_e（mSv）			备注
	最大值	最小值	平均值	
365 个工作日 每天工作 12 个小时	1.7870	0.5451	1.0507	超过国家标准
365 个工作日 每天工作 8 个小时	1.1913	0.3634	0.7004	没有超过国家标准
每年 250 个工作日（有双休日） 每天工作 12 个小时	1.2240	0.3734	0.7196	没有超过国家标准
每年 250 个工作日（有双休日） 每天工作 8 个小时	0.8160	0.2489	0.4798	没有超过国家标准

表 6－6　围岩分类统计表　m

项目	Ⅱ类	Ⅲ类	Ⅳ类	合计
通风洞口段		24.55		24.55
通风洞身段	1131.13	155.45		1286.58
厂房段	214.5			214.5

续表

项目	Ⅱ类	Ⅲ类	Ⅳ类	合计
交通洞身段	1087.58	412.4071		1499.99
始发洞段		29.49	20.51	50
合计				3075.62

交通洞通风洞沿线主要断层及岩脉特性见表 6－7 和表 6－8，隧洞沿线岩石化学分析见表 6－9。

表 6－7　　断层特性汇总表

编号	出露位置	产状	宽度（m）	力学性质	地质描述
F_4	六度寺村 PD1 探洞内 334m	NW290° SW∠65°	0.4～0.6	压扭	断层主要由碎裂岩及断层泥组成，上盘影响带宽 3～4m，下盘影响带宽 2～2.5m
F_5	六度寺村南	NE82° SE∠75°	9.4～10.5	压扭	断层主要由碎裂岩组成，受次一级近东西向裂隙切割，断层带内岩体成碎块状，块体之间多发育绿泥石膜及断层泥，上盘影响带宽 6.6～7.5m、下盘影响带宽 25～26m。断层本身透水较小以滴水渗水为主，其下盘影响带透水性大，以滴水、线流及局部涌水为主，最大涌水量 15～30L/min
F_{12}	六度寺村黑豹矿泉水厂	NW285° SW∠82°	10～12	压扭	断层主要由碎裂岩组成，受次一级近东西向裂隙切割，断层带内岩体成碎块状，块体之间多发育绿泥石膜及断层泥，断层本身透水较小以滴水渗水为主，其下盘影响带透水性大，以滴水、线状流水及局部涌水为主，最大涌水量 80～120L/min，最大水头为 0.5MPa
F_{13}	苇夼山庄路南	NW275° SW∠75°	2～3	压扭	带内主要为碎裂岩，表层风化强烈
F_{26}	六度寺村北小过顶以南	NE85° SE∠83°	1～3	压扭	带内为碎裂岩、碎块岩，后期侵入煌斑岩脉受挤压节理发育，表层风化严重
F_{27}	六度寺村北小过顶以南	NW275° SW∠80°	1～2	压扭	带内为碎裂岩、碎块岩，表层风化呈沟状

续表

编号	出露位置	产状	宽度（m）	力学性质	地质描述
F_{29}	六度寺村北小过顶以南	NW280° SW∠86°	2～3	压扭	带内为碎裂岩，局部后期侵入煌斑岩脉，表层风化强烈，形成负地形
F_{30}	六度寺村北小过顶以南	NW275° SW∠85°	2～3	压扭	带内为碎裂岩、碎块岩，表层风化强烈，形成负地形，覆盖0.2～1.5m 碎石土
F_{31}	六度寺村北小过顶以南	NW275° SW∠67°	1～1.5	压扭	带内为碎裂岩，后期侵入煌斑岩脉，受挤压影响岩体破碎，表层风化强烈
f_{202}	大、小过顶之间	NW285° SW∠70～80°	1～4	张扭	带内主要为碎裂岩，断层两侧影响带伴有次生裂隙，地表风化强烈形成负地形
f_{203}	小过顶	NW275° SW∠80°	2～3	张扭	带内主要有碎裂岩组成，受东西向裂隙切割，断层及两侧岩体较破碎，地表风化强烈形成负地形
f_{204}	大过顶	NW272° SW∠75°	1～2	压扭	主要由碎裂岩组成，断层上盘及一定范围内已经风化剥蚀，下盘呈陡坎状
f_{206}	交通洞	NW275° NE∠65°	0.6～0.8	张扭	带内主要由碎裂岩组成，断层两侧次生裂隙发育
f_{224}	下水库进/出水口	NE88° SE∠82°	1～1.5	压扭	带内为碎裂岩，表层风化强烈

表 6－8　岩脉汇总特性汇总表

编号	出露位置	产状	宽度（m）	延伸长度（m）	地质描述
X8	生活区	NW272° SW∠85°	2～3	1280	煌斑岩脉，出露较破碎，灰绿色，表层强风化
X9		NE85° SE∠80°			煌斑岩脉，出露较破碎，灰绿色，表层强风化
X10	仓储管理区	NW275° SW∠75°	2～3	1293	煌斑岩脉，出露较破碎，灰绿色，表层强风化
X11		NE80° SE∠77°	2～3		煌斑岩脉，灰绿色，表层全强风化

表 6-9　　岩石化学全分析成果表

岩石名称	试样编号	项目及含量(%)						
		SiO_2	烧失量	Fe_2O_3	Al_2O_3	Cao	MgO	合计
正长岩	20-5	73.0	0.28	1.90	13.30	1.01	0.38	89.87
二长岩	21-4	63.76	0.58	4.43	16.60	3.55	1.86	90.78
二长岩	22-6	62.04	0.72	4.50	16.60	3.38	1.89	89.13
煌斑岩	26-5	51.28	3.31	7.50	14.35	7.02	6.15	89.61
二长岩	30-4	62.54	0.68	3.25	17.90	3.55	1.26	89.18
花岗岩	33-4	73.30	0.24	2.00	13.60	1.18	0.35	90.67
花岗岩	34-6	73.17	0.16	1.41	14.35	1.50	0.16	90.75
正长岩	42-5	71.52	0.15	1.81	14.40	0.88	0.41	89.17
正长岩	43-6	69.82	0.62	2.19	14.90	1.49	0.35	89.37
花岗岩	48-4	71.57	0.26	2.59	14.05	1.22	0.60	90.29
花岗岩	49-7	74.88	0.39	1.06	13.40	1.40	0.19	91.32
二长岩	50-3	57.98	0.57	5.81	17.00	4.30	2.81	88.47
正长岩	51-4	69.07	0.30	2.97	15.00	2.04	1.10	90.48
正长岩	52-4	69.97	0.37	2.50	14.60	1.97	0.91	90.32
二长岩	53-6	60.44	—	6.25	15.20	3.73	2.27	87.89

6.3.3　TBM 技术参数设计

根据施工条件，适于本方案的敞开式 TBM 特性见表 6-10，其主机设备布置见图 6-5。

表 6-10　　敞 开 式 TBM 特 性 表

项　目	单位	参数
设计开挖洞径	m	9.2
设备类型		敞开式

续表

项　　目	单位	参数
开挖直径	mm	ϕ9230
主机长度	mm	22
整机长度	mm	85
主机重量	t	约 1000
整机重量	t	约 1300
最小水平转弯半径	m	300
适应最大坡度	（°）	5
换步时间	min	≤5
掘进行程	mm	1800
最大不可分割部件重量	t	约 167
最大不可分割部件尺寸（长×宽×高）	mm	6280×6280×2138
装机功率	kW	5504.5

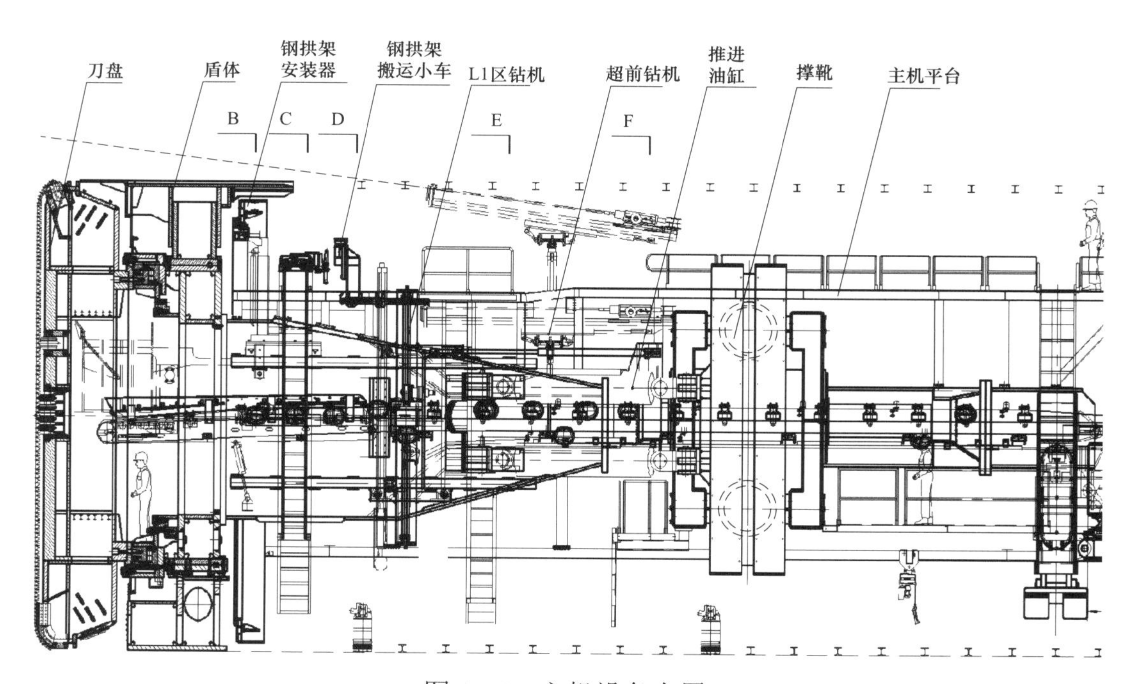

图 6－5　主机设备布置

6.3.4 施工组织设计

6.3.4.1 施工条件

（1）交通条件。施工区对外交通条件见 6.1.7，施工区内至交通洞和通风洞洞口已有道路经过。

（2）施工用地。交通洞洞口作为 TBM 施工进口，施工用地在工程区征地范围内，可在征地范围内开挖场地作为 TBM 组装场地和出渣中转场。TBM 施工所需的临时设施占地、施工道路占地以及弃渣占地等由均在现有征地范围内不新增占地范围。

（3）施工供电。由于 TBM 施工接入电压等级为 10kV，总功率为 6700kW，在工程区 35kV 中心变电站建成以前需重新架设 10kV 供电线路至交通洞洞口，或提前完成对外 35kV 供电线路，从 35kV 线路上“T”接点引架空线至交通洞洞口，与洞口 35kV 高压开关柜连接，再进行变压器的高低压侧连接。本方案采用单独架设 10kV 线路方案，10kV 线路长度 3.3km。

（4）施工供水。TBM 施工时需要建设施工供水系统。根据工程整体施工需要在洞口附近边坡新建 500m^3 水池，以满足工程施工期高峰用水需要。

（5）物资供应条件。水泥、钢筋、砂石料、火工材料、油料等主要物资由文登区内符合要求的供货单位负责供应。

（6）办公、生活用房及公用设施。施工期间办公、生活以及公用设施均考虑租用工程区周围的民房。

（7）弃渣场。工程区下水库弃渣场为指定的弃渣场，施工期间按照渣场管理人的指挥直接将开挖弃渣运至下水库弃渣场。

6.3.4.2 总体规划

按照国家现行规程、规范中明确要求执行的各类技术规程、规范及技术

要求；现场的施工条件；TBM 设备厂商提供的 TBM 设备设计和设备资料；工程总体进度计划。

6.3.4.3　施工特点

（1）施工场地紧张。本方案交通洞靠近居民区，周围园地林地较多，征用地比较困难；通风洞靠近县乡道路，施工期易受到当地交通影响。

（2）具有适合 TBM 设备掘进的地质条件。本方案交通洞和通风洞围岩整体性较好，岩体大部分属于二类围岩。

（3）施工保障要求高。本方案实施期间需要，提前完成单独的供电、供水系统，且前期施工供电和供水系统需要及时完成才能保障 TBM 的顺利施工。

6.3.4.4　设备安装及调试

1. 设备运输

本方案选定的 TBM 最大件尺寸为：6280mm × 6280mm × 2138mm（长 × 宽 × 高）重量为 167t，根据铁路和公路超限规定、公路情况和本方案 TBM 设备特点，该工程超限货物均选择公路运输，其他非超限货物根据具体情况选择铁路或公路运输。

2. 组装和调试

TBM 设备的组装主要在洞口场地完成。组装场面积是根据所选设备的外形尺寸和组装、始发的需要，并考虑 TBM 设备主机大件的摆放及部件转运所必需的卸车区域等因素而确定的。洞口场地开挖完成后，做好底部的硬化，以满足组装要求。

为减少洞口场地开挖，TBM 拟采用分体组装进洞。分体组装首先在洞口安装场内组装主机（主机长度 22m），主机组装调试结束后，再分段组装后配套机附属设备等，各分体组装调试完成后推送进预先开挖完成的步进洞段。

（1）通过洞段及始发洞段开挖。

在 TBM 组装前需要提前完成通过洞和始发洞段的开挖。始发洞段和步进洞长度根据拟定设备的外形尺寸和组装、始发的需要确定，步进洞段长度 30m，始发洞长 20m。步进洞段和始发洞段结合交通洞设计开挖断面按照满足设备通行及开挖需要的原则确定开挖断面和开挖及支护参数。交通洞设计开挖断面见图 6－6，通过洞和始发洞段开挖支护见图 6－7 和图 6－8。

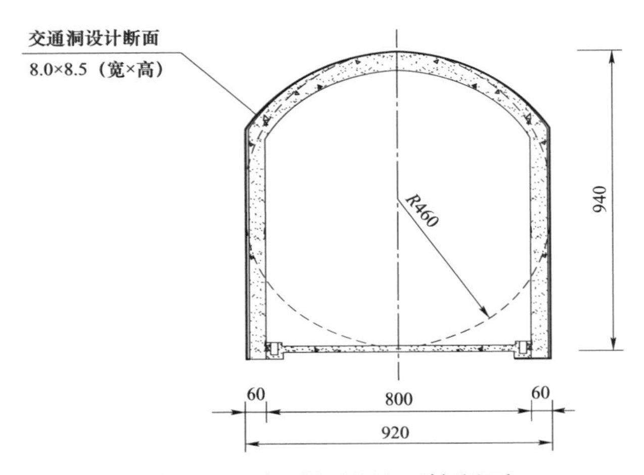

图 6－6　交通洞设计开挖断面

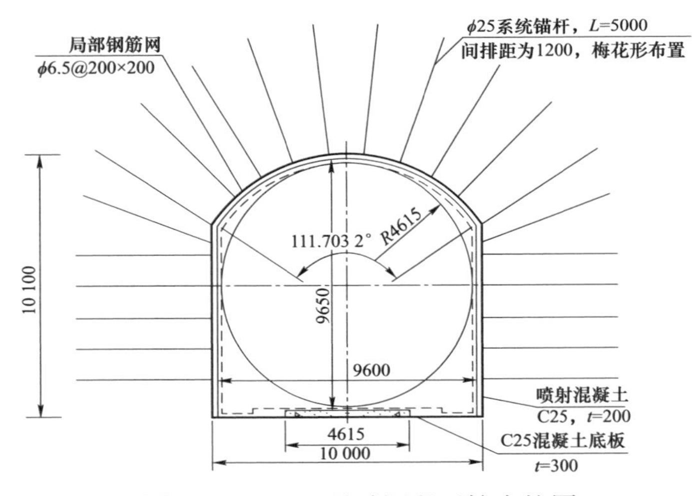

图 6－7　TBM 通过洞段开挖支护图

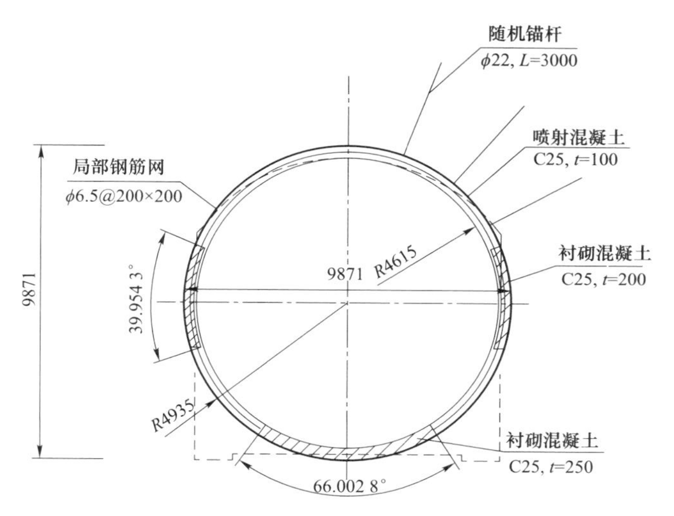

图 6－8　TBM 始发洞段开挖支护图

（2） TBM 组装调试。

组装 TBM 采用 100t＋100t 龙门起重机吊装，实际工组跨度 20m，大车运行距离 30m，TBM 吊装场地所需面积 38m×35m（长×宽）。洞外可提供场地 70m×60m（长×宽），满足主机安装及大件运输需要，平面布置见图 6－9。

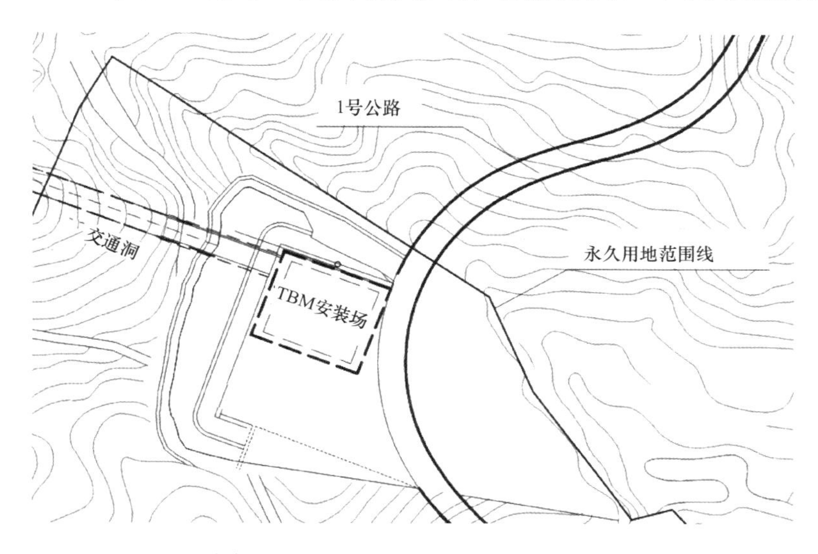

图 6－9　TBM 安装长平面布置图

完成主机组装使用 2×100t 龙门起重机，后配套组装用 2×5t 电动葫芦。在组装场内将 TBM 设备主机大件按图 6－10 所示进行摆放。尺寸为 380m×35m（长×宽），已充分考虑了 TBM 设备组装、主机大件的摆放、吊机的盲区（纵向盲区 3.5m，横向盲区 2.5m）及洞外部件运输到洞内的卸车区域等因素；主机大件摆放的原则是：摆放位置尽量靠近组装位置且吊装互不干涉。

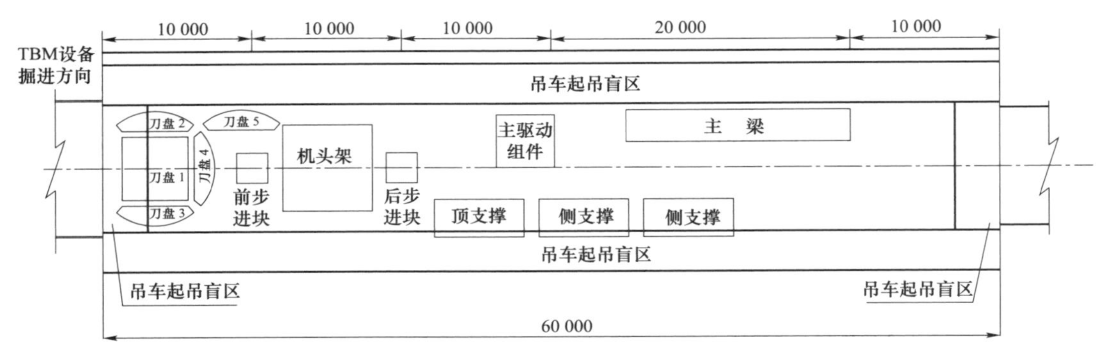

图 6－10　TBM 设备组装大件摆放示意图

（3）组装、调试工作的人员组织。

设备组装和调试一般由施工承包人负责组织设备厂家进行，总共需要人员 26 人。设备组装调试的人员如下：施工方项目经理 1 名、施工方项目总工 1 名、厂家电气工程师 1 名、厂家液压工程师 2 名、厂家机械工程师 1 名、施工方项目部组装人员技术人员 20 名进行配合。

（4）组装调试工作设备。

设备组装、调试均在 TBM 设备组装场内进行，组装过程需要的主要设备见表 6－11。

表 6－11　组装调试主要设备表

序号	设备名称	型号	数量
1	龙门起重机	2×100t	1
2	汽车起重机	40t	2
3	叉车	CPC3t	1
4	半拖车（6×4）	红岩 CQ30290/Q32	1
5	半挂车（60t）	BHJ60－8.8A	2
6	步进机构		1

（5）设备组装流程。

TBM 设备主机及后配套的大件为刀盘中心块、刀盘外围块、刀盘支架、前支撑、顶支撑、侧支撑、主大梁及鞍架滑块、主轴承密封件、撑靴组件、十字推进油缸、推进油缸、液压润滑系统后部组件、鞍架液压润滑系统后部组件和变压器，其单件重量均大于 10t，不易分解运输，而采用整件运输。

TBM 设备运至现场后，由项目部组织包括外国专家在内的验收人员负责进行清点及签证工作，具体组装工作均由 TBM 设备生产厂商的专业人员完成，组装流程见图 6－11，整个 TBM 设备的整机组装在组装场内进行。

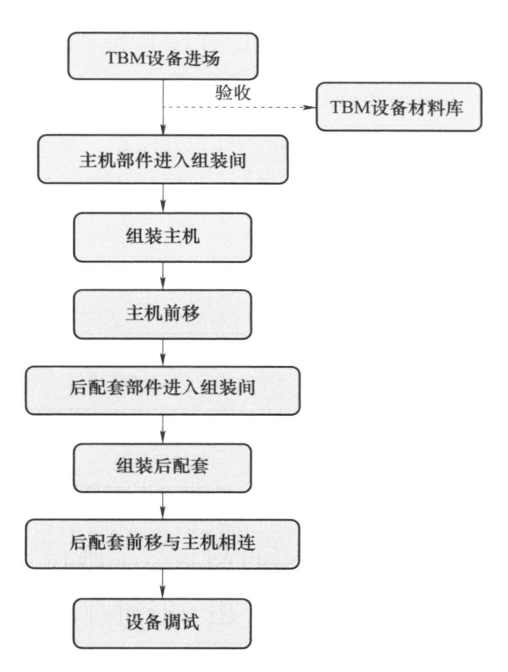

图 6－11　TBM 设备组装流程图

（6）TBM 设备主机组装步骤。

Ⅰ将刀盘中心块的两片组拼在一起，并使其直立，置于组装区前部，然后将刀盘外围块运移到组装区的最前部。

Ⅱ放置竖向前支撑置行走梁的前部。

Ⅲ机头架水平放置在出发洞的底拱上，再将前轴承座暂置于机头架上，然后将机头架与前轴承座依次向上旋转到竖直位置，再组装到竖向前支撑上。

Ⅳ组装前部主梁于机头架上，然后在机头架内侧组装前皮带机架、出渣皮带和受料槽。

Ⅴ组装刀盘中心块至刀盘支架上。

Ⅵ将后大梁与前大梁对接，再将鞍架装配在后大梁上，然后组装上部水平支撑缸于鞍架上。

Ⅶ组装下部水平支撑靴油缸、推力油缸和支撑靴垫到撑靴架上后，装配于鞍架上，然后组装后部架及后支撑。

Ⅷ组装主驱动和侧支撑置机头架上。

Ⅸ依次组装环形梁组装器、顶部超前钻机、人行通道与梯架、液压和润滑油泵站及动力系统至主大梁上。

Ⅹ组装刀盘外围块至刀盘中心块上，然后组装顶支撑及顶侧支撑置机头架上。

主机组装流程见图 6－12。

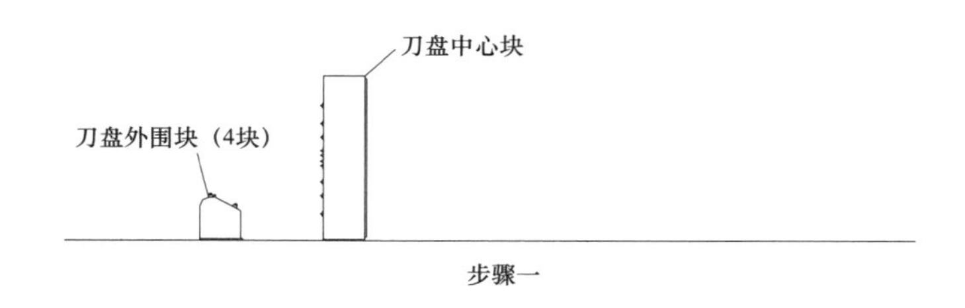

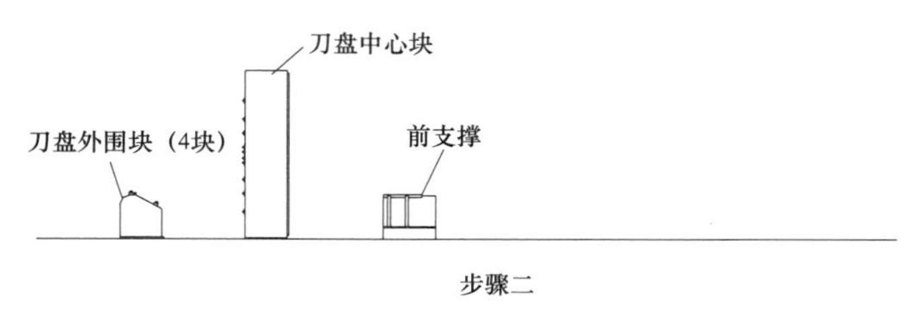

图 6－12　TBM 设备主机部件组装工艺流程示意图（一）

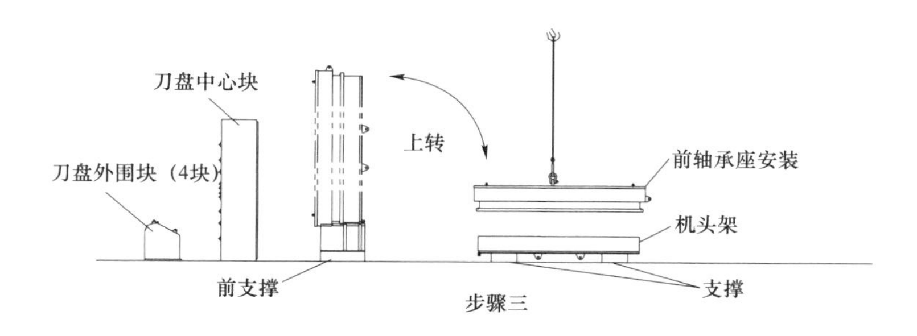

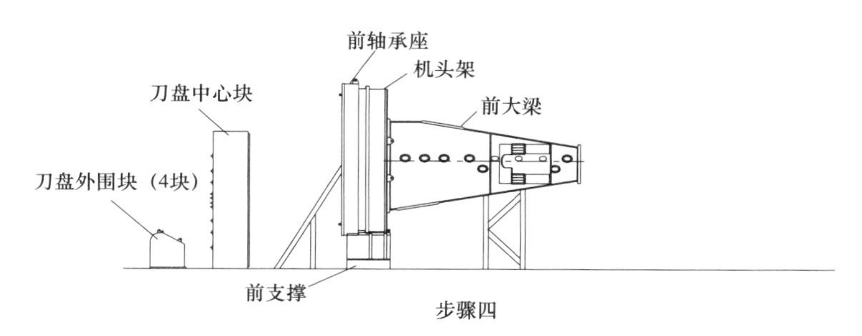

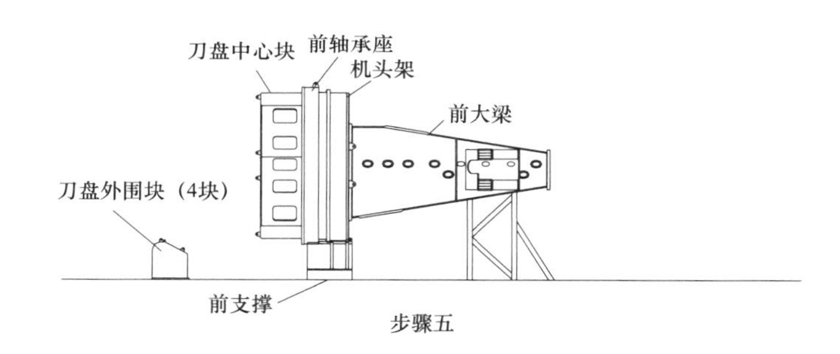

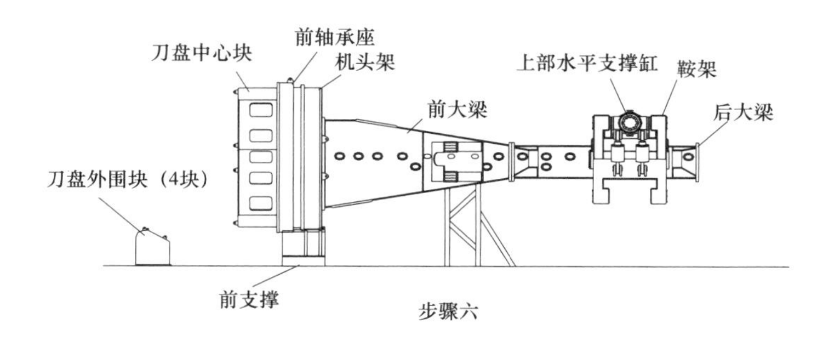

图 6－12　TBM 设备主机部件组装工艺流程示意图（二）

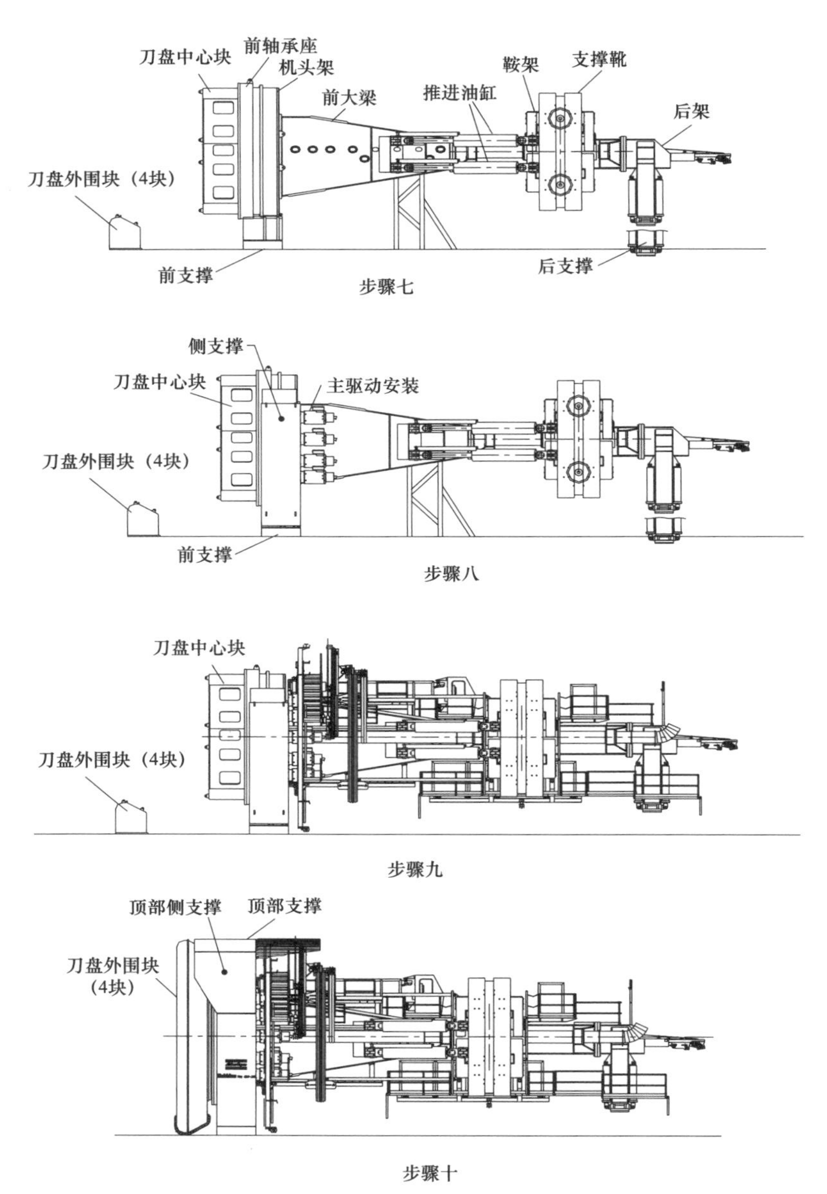

图 6－12　TBM 设备主机部件组装工艺流程示意图（三）

（7）后配套的组装步骤。

Ⅰ后配套系统的组装是台车从前往后一节一节装，装完一节推向掘进方向与主机连接，直至组装最后一节台车。

Ⅱ将后配套辅助系统组装在台车上。

（8）运输滑车拆卸步骤。

Ⅰ利用运输滑车推进 TBM 设备，直到下支撑的后部通过进入位置。

Ⅱ让水平支撑靴顶紧洞壁，同时用扭转油缸将大梁上顶，直到后部支撑的运输滑车能被拆除。

Ⅲ利用水平支撑靴仍然给大梁施加一个向下的力，直到前部支撑的运输滑车能被拆除。

Ⅳ用锚杆将运输滑车的前端固定到隧道顶部，然后将运输滑车放进边部的洞穴中。

Ⅴ利用水平支撑靴反力，通过推力油缸将 TBM 设备推到启动工作面。

（9）设备调试流程。

在 TBM 设备运行之前，要对 TBM 设备主机和后配套系统进行认真调试。首先是对后配套工作平台上的电气系统、液压动力系统及与主机系统连接架等进行全面的连接检验，经检查后进行 TBM 设备的调试工作，调试工作包括所有的运行系统，设备调试由 TBM 设备生产厂商派专业的人员到现场进行操作，设备调试流程见图 6-13。

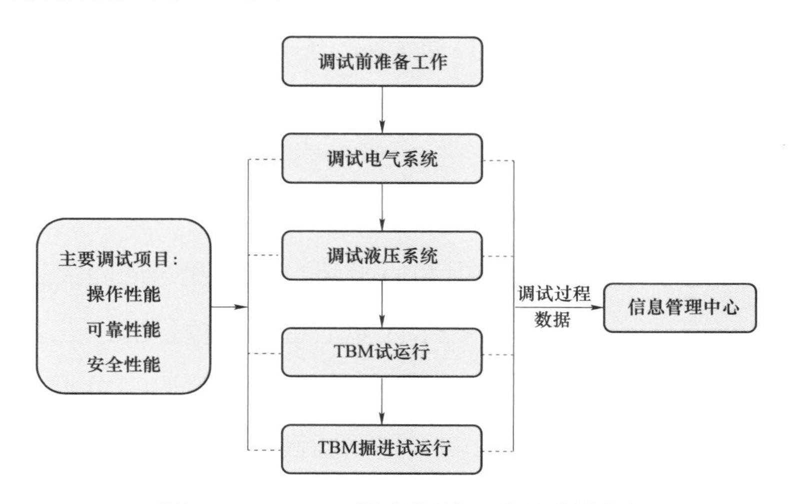

图 6-13　TBM 设备调试工艺流程框图

Ⅰ调试前，要对设备组装的完整性和安全性等进行检查，确保便调试工作安全、顺利地进行。

Ⅱ调试时，主要试验设备操作性能、可靠性能、安全性能等，以便对 TBM 设备掘进施工起到指导作用。

Ⅲ调试过程中，参加调试的机械技术人员和随机操作人员须时时到位，以主动了解设备的技术状况、调试程序、操作控制方法等，调试过程由专人负责记录调试过程的相关数据，并将调试过程相关数据记录传送项目部信息管理中心进行存储。

Ⅳ调试结束后，仔细清点调试过程中使用的辅助器械，避免影响 TBM 设备掘进施工。

（10） 电气系统调试内容。

Ⅰ检查用电线路在通电情况下的电压是否正常。

Ⅱ分别启动各用电设备及用电设备组，检查用电设备在空载情况下的电压、电流是否正常。

Ⅲ调试各用电设备及用电设备组，检查用电设备的各种参数在加载情况下能否达至设计值。

Ⅳ调试各用电设备紧急断路装置是否有效。

Ⅴ调试控制系统是否有效运行。

（11） 液压系统的调试。

TBM 设备液压系统为 TBM 设备掘进施工提供推力、支撑力与辅助系统的动力。液压系统密封要求高、易磨损、设备性能随外围条件的改变而变化大。液压系统经过在厂家车间组装调试→拆卸→运至现场→组装这一过程后，整个液压设备及管路等能否达到设计的各项要求，将直接影响 TBM 设备的掘进施工。因此，在组装完成后的液压系统调试对于整个 TBM 设备系统来说将至关重要。

（12） 主要调试的内容。

Ⅰ泵的调试。

Ⅱ控制系统的启动及其控制部件。

Ⅲ进一步调试液压设备，检查油压管道工作组能否经受压力的变化、组装位置是否正确，在压力下组装的油管是否有摩擦的现象。

Ⅳ高速运转系统的启动。

（13） TBM 设备行走机构调试。

Ⅰ调试液压步履机构实施步进的全过程。

Ⅱ调试液压步履机构步进过程中液压系统参数是否能达到设计要求。

（14） TBM 设备掘进试运行调试前的准备工作。

Ⅰ确定试掘进岩石断面的岩石等级及岩石各项参数指标。

Ⅱ掘进试运行前利用探伤测量仪器检查刀盘组装过程的焊缝质量是否合格。

ⅢTBM 设备步行至掘进起始面。

Ⅳ掘进施工操作机手、机械工程师、电气工程师等相关人员就位。

（15） 试运行调试的内容。

Ⅰ空载试运转，检查空载情况下的各项设备运行数据是否达到设计要求。

Ⅱ按照 TBM 设备生产厂商提供的掘进试运行操作规程，逐级加载进行掘进，熟悉设备的掘进性能，并获取所有掘进参数。

Ⅲ通过对掘进参数和刀具磨损情况的了解，以便于对掘进施工进度、物资保证等组织计划，以及对正式掘进施工过程起到指导作用。

Ⅳ测试 TBM 设备主要功能达到安全限定时自动控制的可靠性。

（16） TBM 设备物资储备。

Ⅰ为保证 TBM 设备的连续施工，应对 TBM 设备维护以及零部件进行储备。TBM 设备部件按用途分为：常用备件，易损备件，事故备件，修理备件。

Ⅱ根据对 TBM 设备掘进数据的分析处理，以及根据施工经验对设备易损件、重要部件损耗等的预测，提前进行设备采购储备。

Ⅲ根据工程情况，可结合类似工程经验，按照表 6－12 进行 TBM 设备备件储备。

表 6－12　　TBM 设备部分部件储备表

序号	种类	单位	数量	序号	种类	单位	数量
1	刀盘			4－1	减压器	个	1
1－1	废渣旋转导向装置	个	1	4－2	分流器	个	1
2	辊式传动			5	环形裂隙注浆装置		
2－1	行星齿轮	个	5	5－1	压力传感器	个	1
2－2	散热板	块	5	6	除尘系统		
2－3	电动机	个	5	6－1	真空表	个	2
2－4	温度开关	个	5	6－2	双稳态电动阀	个	1
3	液压系统			6－3	压力开关	个	1
3－1	活塞泵	个	2	6－4	专用压力开关	个	
3－2	压力传感器	个	13	7	移动式灌浆起重机		
3－3	座式换向阀	个	4	7－1	绳索	套	1
3－4	座式换向阀	个	2	7－2	汽缸	个	2
3－5	定距移动阀	个	3	8	隧道开挖电动机械		
3－6	电流调节阀	个	1	8－1	盾式紧急开关	个	1
3－7	压力控制阀	个	1	8－2	压力开关	个	3
3－8	换向控制阀	个	2	8－3	继电器	个	3
3－9	可显示的压力开关	个	1	8－4	继电器支架	个	2
3－10	压力开关	个	1	8－5	恢复二极管	个	1
3－11	单向限流阀	个	3	8－6	卡环	个	1
3－12	加热片	块	1	8－7	熔丝	套	1
3－13	微动压力开关	个	1	8－8	主开关	个	1
4	齿轮润滑油系统			8－9	发光二极管	个	1

续表

序号	种类	单位	数量	序号	种类	单位	数量
8－10	分压计	支	3	8－17	操纵杆	个	1
8－11	信号喇叭	个	1	8－18	微控制器	个	1
8－12	频率继电器	个	1	8－19	选择开关	个	1
8－13	发光二极管	个	1	8－20	速度控制器	个	1
8－14	控制卡	个	1	8－21	脉冲电动机	个	1
8－15	放大卡	个	1	8－22	电源组	套	1
8－16	接口箱	个	1				

6.3.4.5　TBM 施工

1. 概述

交通洞通风洞洞全长（含厂房段）约 3.1km，TBM 设备掘进洞段为圆形断面，横断面直径为 9.2m，自交通洞进口开始掘进，由通风洞进口终止，掘进洞段纵坡见表 6－13。

表 6－13　　　交通洞通风洞开挖底坡参数表

首端桩号（m）	首端底高程（m）	末端桩号（m）	末端底高程（m）	隧洞段长（m）	隧洞底坡（%）	备注
0＋000.00	170	0＋024.55	170	24.55	0.00	通风洞口段
0＋024.55	170	1＋311.13	65.5	1286.58	8.12	通风洞身段
1＋311.13	65.5	1＋525.63	49.5	214.5	7.46	通风洞身段
1＋525.63	49.5	1＋629.63	49.5	104	0.00	厂房段
1＋629.63	49.5	2＋845.62	127.22	1395.99	－5.57	交通洞身段
2＋845.62	127.22	3＋075.62	130	50	－5.56	始发洞段
3＋075.62	130					

TBM 设备掘进施工段不同部位和不同围岩类别，初拟支护参数方案见表 6－14。对于断层（F_5、F_{12}）段，在做初期支护以后，根据围岩观测情况及时进行二次钢筋混凝土衬砌施工，衬砌厚度为 0.5m。

表 6－14　　　　初拟初期支护方案

围岩类别	岩石质量指标 RQD（%）	初期支护参数
Ⅱ类围岩	＞75	不喷射混凝土，只是在局部破碎掉块洞段喷射混凝土 50mm，局部钢筋网 ϕ6.5@200×200，随机锚杆（L＝2000，ϕ＝22）
Ⅲ类围岩	50～75	边顶拱 180° 范围喷射 C25 混凝土 60mm，局部钢筋网 ϕ6.5@200×200，随机锚杆（L＝2500，ϕ＝22）
Ⅳ类围岩	＜25	边顶拱 240° 范围喷射 C25 混凝土 120mm；系统锚杆（L＝2500，ϕ＝22），间排距 1.0m×1.0m；钢筋网 ϕ6.5@150×150，随机支立 H150 型钢拱架，间距 0.6～1.2m，钢拱架之间采用 I10 工字钢、角钢、钢筋等纵向加固措施
不良地质洞段	0	全段面喷射 C25 钢纤维混凝土 160mm；系统锚杆（L＝3000，ϕ＝25），间排距 0.8m×0.8m；钢筋网 ϕ8@100×100，支立 H150 型钢拱架，间距 0.6m，采用 I10 工字钢、角钢、钢筋等纵向加固，超前固结灌浆 30m

TBM 设备只负责隧洞开挖，断层破碎带超前探测和预处理，开挖后的支护采用常规施工方法架设移动台车进行。交通洞设计断面为城门洞形，TBM 开挖断面为圆形，交通洞在 TBM 施工结束后还需二次开挖对底板边角进行处理，人工开挖处理范围见图 6－14。此外始发洞段（50m）设计断面按照常规钻爆法预先开挖完成。施工特性汇总见表 6－15。

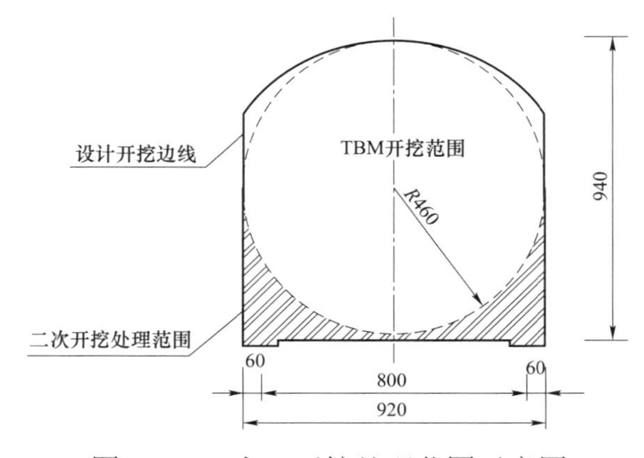

图 6－14　人工开挖处理范围示意图

表6－15 交通洞通风洞开挖特性汇总表

工程特性	开挖直径	m	9.2
	长度	m	3075.62
	围岩		石英二长岩为主
	围岩类别		Ⅱ～Ⅲ类
TBM特性	直径	mm	9230
	设备功率	kW	6676
TBM开挖	石方洞挖（TBM法）	m^3	196 951
钻爆开挖	石方洞挖（钻爆法）	m^3	16 867
	石方洞内扩挖	m^3	16 493

2. TBM施工方法

（1）导向控制。

TBM设备掘进方向的控制极为重要，方向控制不当，造成盘形滚刀受力不均，致使刀具提前损坏，增加换刀的次数和配件成本，影响施工进度，另一方面，会使得隧道出现超、欠挖过大，影响工程质量。因此，在隧道施工中应严格控制掘进方向，将偏差控制在允许范围内：水平为设计洞轴线的±60mm、竖向分别为设计洞轴线±40mm。

1）导向控制原则。

确定合理的方向参数；

控制掘进轴线与设计中心线的偏差；

确保做到掘进前准确定位，掘进中严格操作，掘进后适时调整。

2）测控系统工作原理。

为了确定TBM设备的位置和掘进方向，至少需要三维方式表示的2个确定点，这两个点是定位在TBM设备前部的两个棱镜。精确的定位TBM设备轴向和TBM设备坐标系统需要在TBM设备工作前完成，通过安装在TBM设备内部的双轴电动测斜仪完成TBM设备的倾斜精确定位。

在 TBM 设备上的两个棱镜通过事先定位好的电动经纬仪来自动定位，经纬仪本身的定位可以采用传统的测量方法定位。但是，由于经纬仪的水平角度测量系统不能确定参考点，所以经纬仪的定位必须由手动的办法在安装经纬仪时事先定位的参考点来定位，相关的测量成果由测量人员输入计算机。

现在 TBM 设备上的两个初始点的坐标可由原始经纬仪测量倾斜距离、水平和垂直角度来定位，由于棱镜的位置已经在 TBM 设备坐标系统设置中定位，所以 TBM 设备的倾斜和翻滚数据可以随时获得。TBM 设备的任何部位，如刀盘中心，可以通过计算求得其三维空间数据，设计的隧洞轴线可以在全球坐标中表示、并事先输入到计算机中去。因此 TBM 设备的水平和竖向的偏差及 TBM 设备的方位可以计算、并用图表表示给操作手。如果需要的话，还可以提供最佳的纠偏方案给操作手，如最小转弯半径等。

远程棱镜不仅可以定位经纬仪，而且还可以自动发现经纬仪定位点的移动而引起的坐标偏差。由于经纬仪通常被置于刚刚开挖的不稳定的洞壁上，在 TBM 设备后面 25～300m，非常可能被移动，如果没有被察觉可能会引发非常严重的后果。因此，电动经纬仪会经常地瞄准远端的棱镜来确定其位置是否被移动，并将情况告诉操作手。测量的时间间隔将由用户通过密码保护的参数菜单指定。

3）系统组成设备。

a. 电动经纬仪。

全自动，无人操作系统。其可以自动发现和测量远程棱镜，并在系统计算机的控制下测量 TBM 设备上的棱镜，并且双轴、高精度的测斜仪来检测 TBM 设备的倾斜和翻滚情况。系统计算机包括：① 棱镜的测量；② 通过测斜仪输出的数据来计算坐标、方位和 TBM 设备倾斜情况。

由于 TBM 设备的观测窗口通常位于隧洞边墙。因此，测斜仪误差可能会引起位置偏差。在掘进时，本仪器的倾斜测量精度要小于 0.01°。

b. 电棱镜和远程棱镜。

为了避免激光束反射造成的误差，专用的电动棱镜在软件的控制下，呈交替被遮挡或显露状态，保证了每个棱镜可以被独立的精确测量（精度要求为欧洲标准）。此外，还可以为新的经纬仪定位。

c. 系统计算机安装与防护。

在恶劣的隧洞施工的条件下，为了保证系统操作的正确性，还需采取特殊的防护手段：为了防止干扰，特殊的抗干扰系统被用于导向系统中；数据的无线通信联络方式采用系统计算机安置在密封的装置内，并带有防断电装置；所有的电气元件互相绝缘，并和隧洞主电力系统相绝缘。

d. 测量软件。

TBM 设备导向系统为 WINDOWS 系统。电动经纬仪受软件控制自动跟踪初始棱镜的移动，在 TBM 设备停止间歇来跟踪远程棱镜检查或更新经纬仪的坐标，同时验证经纬仪点的稳定性，即时收集测量数据（TBM 设备上两个棱镜的新方位和位置及测斜计的读数），计算并显示 TBM 设备的位置，所有信息由图表或数据显示。通过使用两轴测斜仪，可以得到绝对独立的检查数据。

TBM 设备操作手的屏幕见图 6－15。

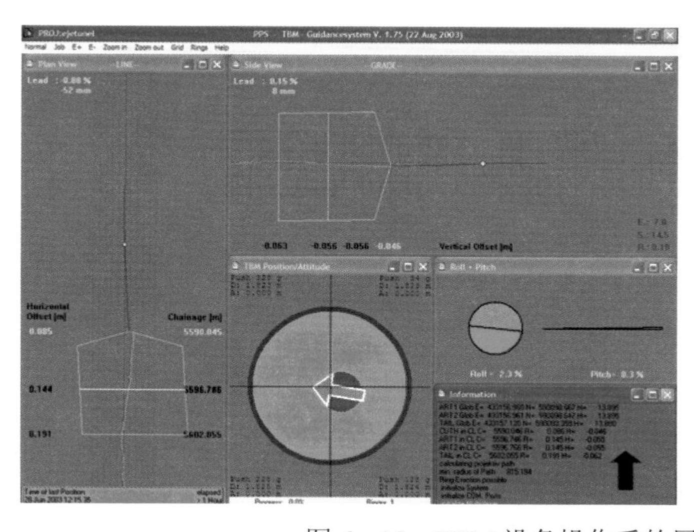

图 6－15　TBM 设备操作手的屏幕图片

屏幕中坐标的中心是经纬仪的位置，即连续瞄准 TBM 设备上的两个棱镜，参考目标被测量，并被测量工程师输入计算机。

平面图中屏幕左侧的窗口显示：黄线为 TBM 设备简图，跟踪红线中心线的情况；绿线偏差情况。

平面图屏幕右上侧的侧视图：表示 TBM 设备竖相偏差和 TBM 设备倾斜角度。

平面图屏幕下侧中部的窗口显示 TBM 设备位置/姿态：目前位置（蓝点）TBM 设备方向，绿箭头变黄或红表示偏离了限定要求（限定要求由测量工程师输入），窗口角落的数据为纠偏数据。

平面图屏幕右侧中部为翻转和倾斜窗口：表示通过测量安装在主梁上的测斜仪来表示 TBM 设备翻转和倾斜情况，从 0～目前位置。

平面图屏幕右下侧为信息窗口：所有的程序步骤通过初始化和计量永久显示。同时显示错误信息，大多数情况是经纬仪不能找到棱镜（大多数情况是测量窗口被堵或人员通过测量窗口）。

e. 其他工具。

导向系统可以增加许多便利，例如：经纬仪轴线可以手动完成或用 AUTOCAD 软件，可以从 ASCII 文件中转入，所有信息可以被显示和检验保证所有步骤正确。

TBM 设备掘进信息处理：TBM 设备隧洞开挖掘进的各种信息、关键技术参数可通过计算机屏幕按桩号或按照班次或日/周报告的要求图示，并可打印成册，从而进行技术分析和保管，见图 6-16。

（2）TBM 设备掘进施工工序与参数。

1）施工工序流程。

TBM 设备掘进施工工序流程见图 6-17。

2）掘进参数。

a. 掘进模式的选择。

TBM 设备提供了三种工作模式，即自动扭矩控制、自动推力控制和手动

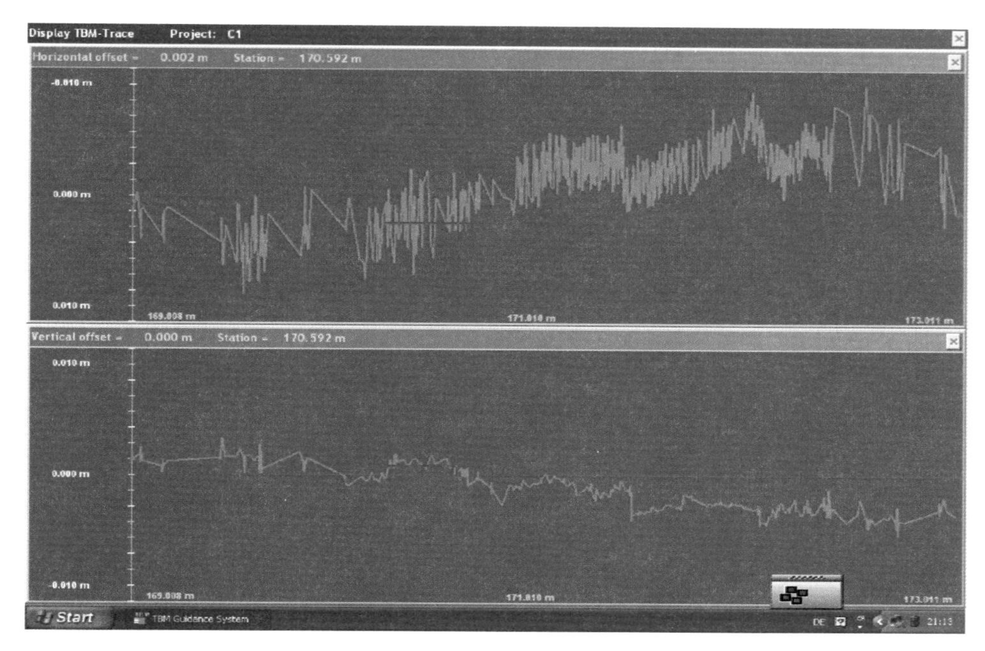

图 6－16　TBM 设备掘进信息屏幕显示图片

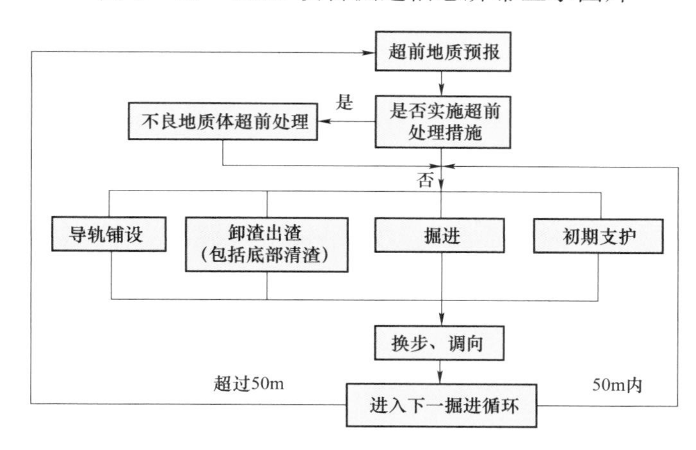

图 6－17　TBM 设备掘进施工工序流程框图

控制模式，根据转速可分为高速模式和低速模式两种。自动扭矩控制只适用于均质软岩，自动推力控制只适用于均质硬岩，手动控制模式操作方便，反应灵活，适用于各种地层，因此一般选用手动模式控制。使用高速掘进时，周围岩石振动较大，容易引起周围岩石松动，所以在地质情况较差时，采用低转速、高扭矩掘进，围岩较完整时，采用高转速、低扭矩掘进。在Ⅱ、Ⅲ类围岩条件下掘进时，选择自动控制推力模式，设备不会过载，又能保证有较高的掘进速度；在Ⅳ类围岩条件下掘进，设节理发育或遇有破碎带、断层，须选择手动控制模式。

b. 不同地质状况下掘进参数的选择和调整。

节理不发育的硬岩（Ⅱ类、Ⅲ类）情况下作业：

选择电机高速掘进；

开始掘进时掘进速度选择 15%，掘进到 5cm 左右开始提速；

正常情况下，掘进速度一般选择≤35%左右；

围岩本身的干抗压强度较大，不易破碎，若掘进速度太低，将造成刀具刀圈的大量磨损；若掘进速度太高，会造成刀具的超负荷，产生漏油或弦磨现象，因此，必须选择合理的掘进参数。

c. 节理发育的Ⅲ类围岩状况下作业。

掘进推力较小，应选择自动扭矩控制模式，并密切观察扭矩变化，调整最佳掘进参数。

d. 节理发育且硬度变化较大的Ⅳ类围岩状况下作业。

因围岩分布不均匀，硬度变化大，有时会出现较大的振动，所以推力和扭矩的变化范围大，必须选择手动控制模式，并密切观察扭矩变化。

操作参数选择：推进力≤14 200kN，扭矩≤3095kNm，且扭矩变化范围不超过 10%。

此类围岩下掘进，推力、扭矩在不停地变化，不能选择固定的参数（推力、扭矩）做标准，应密切观察，随时调整掘进速度。若遇到振动突然加剧，扭矩的变化很大，观察渣料有不规则的块体出现，可将刀盘转速换成低速，并相应降低推进速度，待振动减少并恢复正常后，再将刀盘转换到高速掘进。

掘进时，即使扭矩和推力都未达到额定值，也会使通过局部硬岩部分的刀具过载，产生冲击载荷，影响刀具寿命，同时也使主轴承和主大梁产生偏载。所以要密切观察掘进参数与岩石变化。当扭矩和推力大幅度变化时，应尽量降低掘进速度，控制在 30%左右，以保护刀具和改善主轴承受力，必要时停机前往掌子面了解围岩和检查刀具。

e. 节理、裂隙发育或存在断层带（Ⅳ、Ⅴ类围岩）下作业。

掘进时应以自动扭矩控制模式为主选择和调整掘进参数，同时应密切观察扭矩变化、电流变化及推进力值和围岩状况。

掘进参数选择：电机选用低速，掘进速度开始为 20%，等围岩变化趋于稳定后，推进速度可上调，但不应超过一定范围（如 35%），扭矩变化范围＜10%。

密切观察皮带机的出渣情况：① 当皮带机上出现直径较大的岩块，且块体的比例大约占出渣量 20%～30%时，应降低掘进速度，控制贯入度。② 当皮带机上出现大量块体，并连续不断成堆向外输出时，停止掘进，变换刀盘转速以低速掘进，并控制贯入度。

当围岩状况变化大，掘进时刀具可能局部承受轴向载荷，影响刀具的寿命，所以必须严格扭矩变化范围≤10%，以低的掘进速度，一般情况，掘进速度≤20%。

3. TBM设备掘进

（1）TBM 设备掘进作业循环。

TBM 设备掘进时主要依靠由刀盘、机头架与大梁、支撑和推进装置组成的掘进系统来进行，正常的作业循环步骤见图 6－18。

1）作业开始，支撑部分相对于工作部分处在前位，撑靴撑紧洞壁，此时，TBM 设备已完全找正，后支撑提起，切削盘转动，推进液压缸伸出，推动工作部分前移一个行程；

2）掘进行程终了，准备换步，此时，切削盘停止转动，后支撑伸出抵到洞底上以承受 TBM 设备主机的后端重力，水平支撑油缸收回；

3）推进油缸主支撑回缩，支撑部分自由地准备换步，这由推进液压缸反向供油，使活塞杆缩回，带动水平撑靴及外机架向前移动；

4）水平支撑靴伸出，再与围岩接触撑紧，提起后支撑离开洞底，TBM 设备定位找正；

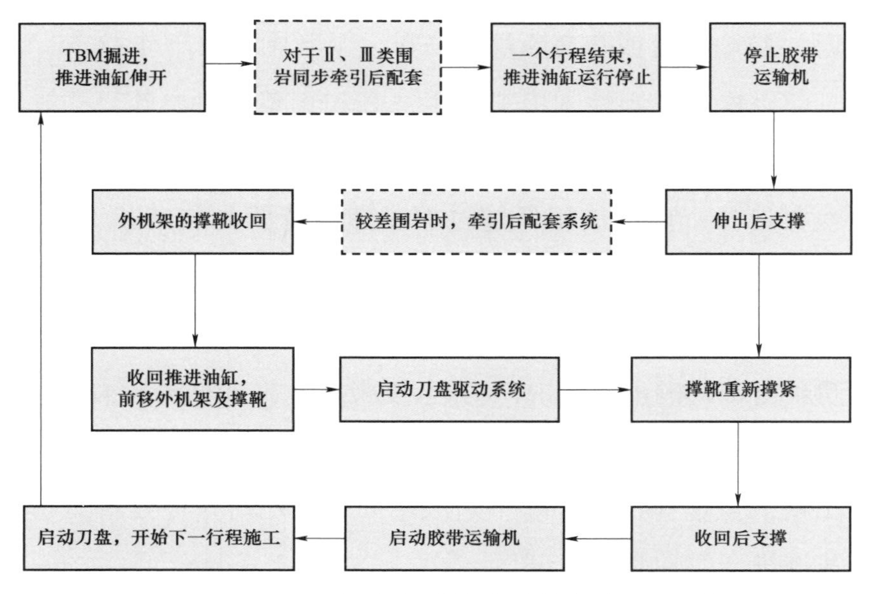

图 6－18　TBM 设备掘进作业循环步骤流程框图

5）回到 a，启动刀盘，切削盘又一次旋转，TBM 设备准备进行下一个循环。

（2）TBM 设备掘进换步原理及步骤。

1）换步原理：换步是根据推进油缸的行程进行的，即推进油缸推进一个行程，TBM 设备就破岩掘进一个循环行程，每个循环行程约 1.80m，循环行程结束后即进行换步作业。当一个循环结束时停止掘进，刀盘后退 2～3cm，放下主机后支撑，将主机支撑牢固后，收回水平撑靴，前移水平撑靴一个循环的距离，然后根据导向系统提供的主机位置参数进行 TBM 设备调向，调向完成后，将撑靴撑紧至一定的压力，收回主机后支撑，拖动后配套并前移一个循环的距离后，即可接着进行下一循环的掘进作业。当后配套的辅助作业工作量较少时，主机移动与后配套可根据具体情况同步进行。

2）简洁换步措施。

在 TBM 设备换步期间，为缩短换步时间，在条件允许的情况下，可采取如下措施：

a）后配套系统的拖拉尽可能在掘进行程结束前的最后几分钟或开始掘进

时的前几分钟进行，或在围岩较好的地层，主机移动与后配套同步进行；

b）加强Ⅲ类围岩的支护施工效率，尽量在一个行程内完成初期支护及铺设钢轨的施工任务，减少辅助施工延迟占用时间；

c）加强超前地质预报的准确性，严格控制掘进施工方向，缩短 TBM 设备方向找正的调整时间；

d）在皮带运输机启动的过程中，可同时启动刀盘声光报警系统；

e）在换步期间，操作员要严于职守，在尽可能缩短换步时间的前提下，严格按操作程序作业，提高掘进效率。一般情况下，在地质情况较好，激光导向系统正常的情况下，换步时间约 5min。

（3）掘进施工。

1）刀盘后部的侧向撑靴向洞壁撑起并稳固在洞壁岩面上，同时用楔块油缸将侧支撑的位置牢牢锁定，并将推进反作用力传给洞壁，掘进的水平方向锁定，同时调整前支撑，将掘进的垂直方向（即坡度）锁定；

2）水平撑靴定位以后，推进推力油缸并转动刀盘开始掘进。掘进时，刀盘上的每一个滚刀可产生最大的推进力，使强度为 130MPa 的掌子面围岩产生破裂，并形成直径 10cm 左右的碎块；

3）根据 TBM 设备的扭矩—转速曲线的基本性能，在不良地质条件下和围岩条件较好、强度较高的硬岩条件分别采用不同的转速和扭矩切割硬岩；若出现刀盘卡住则采用脱困扭矩或采用刀盘逆转的方式处理，施工过程中根据不同的围岩条件调整合适的参数；

4）刀盘的推力由推进油缸提供，推进的反作用力被传递到水平支撑靴板上，水平支撑靴板由水平支撑油缸紧紧地撑到洞壁，直接将推进油缸的推力传递到洞壁，刀盘驱动系统驱动刀盘旋转，由此产生的反扭矩由机头架、大梁及滑块、鞍架和斜缸通过水平支撑板传递到洞壁；

5）钻进的工作行程结束，初步支护工作完成后，撑靴将收回，这时，TBM 设备的重量将由后面的后支撑支撑。TBM 设备及其后配套系统通过收缩牵引油缸，撑靴重新支撑洞壁来向前移动到新的掘进位置。当推进行程结束时，水平支撑油缸缩进，此时 TBM 设备的操作手要调整好 TBM 设备的轴线方向，通过激光方向锁定系统来操纵推力油缸控制方向，由此开始一个新的推进行程。

6）刀具更换。TBM 设备在掘进过程中，由于刀具对岩石的不断切削，会造成刀具磨损严重，进而影响施工进度与质量，为此需要对刀具进行及时的调整和更换。又因 TBM 设备刀盘直径大，刀具数量多，在进行调整和更换时，需结合刀盘的结构形式采用一定的方式进行。

7）粉尘控制。掘进过程中，随着岩石的不断切削破碎，将产生粉尘污染物，影响施工环境，并造成设备润滑系统、液压系统产生故障，为此，需要采取措施及时处理。

a）在 TBM 设备刀盘后面设有一防尘钢护盾，作业面上产生的粉尘，在刀盘区域内分离出来，从卸渣区域吸出，经主大梁内密封系统，然后再经吸管，吸到安装在后配套上的除尘器，及时进行清理。

b）刀盘前方的喷嘴座上装有喷水嘴，通过喷射水雾对产生的粉尘进行控制。水雾基本上防止了切削产生的粉尘粒子不再扩散，并且根据地层条件的要求，对作业面上的喷射水量可以进行调节，最大限度降低粉尘悬浮率。

8）注意事项。

a）支撑与洞壁一定要完全接触，由于刀盘的稳定对于滚刀的连续作业轨迹十分关键（消除余振和位移），一个稳定的刀盘和一致的、重复的刀具轨迹，可以提高 TBM 设备的进尺和延长刀具及大轴承的寿命，因此，支撑的稳固情况就显得尤为重要。

b）在 TBM 设备刀盘前方的喷嘴座上装有喷水嘴，正常施工掘进时，通过喷射水雾来降低刀具的温度，并抑制粉尘的扩散，因此要经常、及时地对喷嘴进行检查，防止因水质不净而堵塞，从而影响施工环境和降低刀具的使用寿命。

c）在通过软岩、断层和破碎带时，需尽可能加大支撑靴板与洞壁的接触面积，使支撑靴板在保证足够的支撑力时，对于洞壁的比压足够小，这样可以避免支撑靴板在不良地质条件下陷入洞壁，保证 TBM 设备的连续掘进，进而减小机体的振动，保证施工安全、控制掘进速度。

d）因 TBM 设备掘进时，抑制粉尘扩散和冷却刀具均需要消耗大量的水，并且在掘进过程中还可能遇到洞壁涌水，这些积水过多时会将刀座淹没，此时需根据水位传感器收集的信号及时启动机头架后面的潜水泵快速排水，以保证 TBM 设备的连续掘进不受影响。

e）在每天预留的检修时间内，需对刀盘、支撑系统等重要部位的螺栓、连接装置及液压推进系统的供油管路等进行检查，将事故隐患消灭在萌芽状态。

f）检修期间内，需对刀盘刀具的数量及磨损情况进行认真检查，合理安排刀具的更换。

g）注意掘进方向的控制与调整：

对于水平方向的调整，主要是活塞腔和活塞杆都充满压力油的水平支撑油缸在缸筒内的单方向移动，因缸筒与滑块是以十字销轴方式连接在一起的，为此滑块和大梁也随着水平支撑缸筒移动，从而实现水平方向上的调整，防止超挖和欠挖情况的发生。

对于垂直方向的调整是使用安装在鞍架和大梁之间的斜缸，当斜缸伸长时，大梁相对于水平支撑油缸升高，TBM 设备机器向下掘进；相反，当斜缸缩进时，大梁相对于水平支撑油缸下降，TBM 设备则向上掘进。因此，要控制好前进轴线方向，避免偏斜。

h）掘进过程中，要密切注意数据采集系统提供的信息，发现异常情况，及时采取措施，以保障施工的正常进行。

（4）数据采集。

由于该掘进系统采用自动化控制，各种掘进的技术参数通过 PLC 模块式控制系统进行收集处理，并通过工作面监测台显示和记录。数据收集系统采集和显示的主要数据见表 6－16。

表 6–16　　PLC 数据采集数据表

序号	显示项目	备　注
1	时间—日期标记	其他数据根据实际施工情况可以进一步收集
2	刀盘转速	
3	刀盘电机电流	
4	运行的刀盘电机的数量	
5	行程位置	
6	主推进油缸压力	
7	辅助推进油缸压力	
8	水平支撑油缸压力	
9	掘进速度	

（5）PLC 模块式自动控制系统。

PLC 系统（即 Programmable Logic Controller）是一种模块化、可扩展，并易于维护的控制系统，它可显示 TBM 设备所有主要设备的功能达到安全限定时明确警告操作者，并可自动关机；还可显示故障显示信息；显示和控制液压、润滑和电气设备等参数。

PLC 系统由两个部分组成：主电机控制柜内的 PLC 和显示器。

PLC 系统信息传递及操作流程见图 6–19。

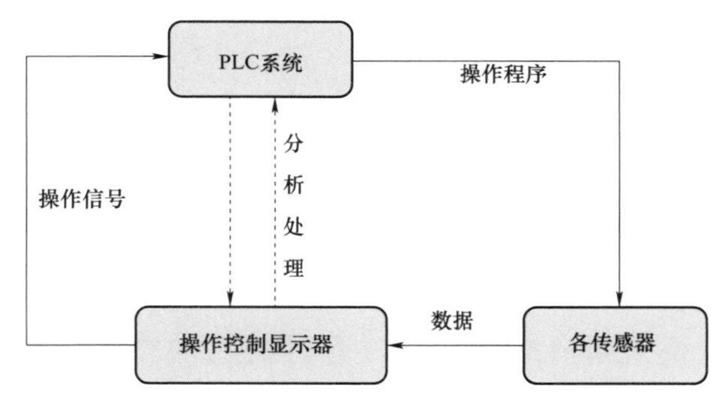

图 6–19　PLC 信息传递及操作流程框图

4. 出渣

由于该工程渣量不大，运送距离不长（不超过 3km），轨道运输使用经验成熟，并可利用工程既有运输设备，同时为减少设备投资，拟定采用轨道运输出渣。

（1）石渣运输方案。

TBM 掘进切削的岩渣从刀盘溜渣槽进入刀盘中心的主机皮带机，经 TBM 后配套皮带机运输到后配套上的渣车内，渣车通过牵引机车牵引到洞口的翻渣台翻渣，洞外设置倒渣平台，采用 15t 自卸汽车运输到 2 号渣场，轨道列车运输进料。

根据隧洞断面和洞内运输要求，TBM 施工的出渣与进料运输采用四轨双线轨道运输，轨距 900m，采用 43kg/m 钢轨，每根长 5m，钢轨间距 0.5m，采用工字钢加工制成轨枕，在轨枕上设置螺栓孔用压板螺栓固定钢轨，钢轨间采用纵向拉杆连接固定，钢轨间用鱼尾板和螺栓连接延伸。

（2）运输线路及主要设施。

1）运输线。

运输线路的轨道由洞口平台翻渣机处开始，沿掘进方向在 TBM 主机尾端、连接桥的下方进行铺设，从而使轨线延伸。轨道延伸由当班掘进班长视掘进进度情况而定，900m 轨距的正线运输轨采用 12.5m 长的 43kg/m 钢轨，由于钢轨长度较长，不能进入编组列车，否则影响掘进主工序的实施。因此每天发 1～2 列专运钢轨的列车，通过加长平板车的方式用机车将钢轨倒运至设备桥下，运足一天掘进需续接的钢轨量，将钢轨储存在连接桥上，然后操作轨道吊机吊装型钢轨排及钢轨就位，利用风动扳手将钢轨固定。

2）主要设施。

TBM 掘进出渣通过后配套系统的皮带机输送至移动式出渣平台上的轨道矿车，通过牵引列车牵引运输至洞口卸渣点，由翻渣机翻渣。

轨道：采用 43kg/m 规格的标准钢轨，每节钢轨长 6m 或 12.5m。

轨枕：为了适应洞内较大的涌水，保障运输的机车正常运行和交通畅通，采用 I16 的工字钢，加工成 850mm 高的轨道架，轨道架的横梁作为轨枕，使轨道抬高，每排轨道架的间距为 800mm，必要时之间采用 I16 的工字钢进行横向加固，其连接方式采用螺栓紧固。轨道架的形式见图 6-20。

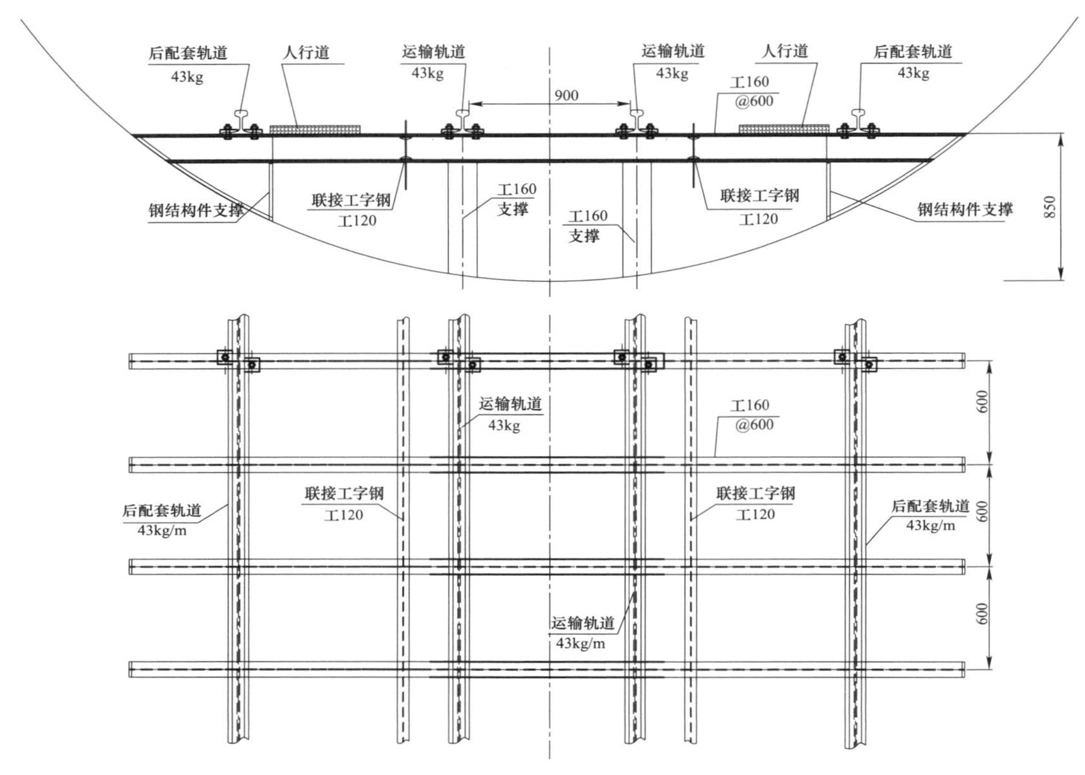

图 6-20 TBM 设备施工运输轨道结构布置示意图

运输设备为电机车加挂出渣矿车、材料运输车（包括刀具、锚杆、钢支撑、轨道、油脂等材料）及载人车厢等。车辆车长 7m、车宽 1.6m、轨距 900mm。

（3）车辆配置。

1）车辆配置。

采用 9.23m 的 TBM 施工，开挖断面 68.37m^2，循环进尺 1.8m，运输矿车按满足两个工作循环的出渣量配置。TBM 两个工组循环开挖渣量 246.13m^3，折合松方 369.19m^3，选用 20m^3 矿车，每列矿车需配置 18 辆矿车即可满足两个循环的出渣量。

2）列车编组。

a. 编组原则。

按最不利的情况，运输距离按 3km 来考虑运输能力。

采用大容量渣车组成编组列车，从而在保证运量的同时使列车的列数最少，降低运输工序衔接和管理的难度。

编组列车各车辆的配置按运送所有材料考虑，后配套台车轨线也按此考虑，以保证在最不利的情况下编组列车能满足 TBM 掘进需要。

为满足 TBM 连续掘进的要求，编组列车的运输能力需满足掘进 2 个循环距离的出渣和材料供应要求。

b. 列车编组。

列车编组与运行必须满足 IBM 掘进两个行程距离的出渣量、材料运输要求。

列车数量主要根据 TBM 掘进循环时间及列车运行循环时间确定，其中 TBM 循环时间包括 TBM 换步在内的掘进循环时间，列车运行循环时间包括列车装渣、运行、卸渣、装料及编组等全部作业时间。

TBM 掘进循环时间：TBM 掘进两个工作循环为 3.6m，按 TBM 最高月进尺 700m/月（月工作 25 日），则每天掘进 28m，在作业效率 40%条件下，一个工作循环时间约为 32min，两个工组循环作业时间 64min。

列车循环时间：列车在洞内由装渣点到卸渣点，速度按 15km/h 计，往返时间需 24min，列车装渣时间 64min，其他如列车的卸车、矿车摘、挂和机车调头时间总共为 30min，每列车完成一个运输循环时间为 118min，因此根据以上掘进循环时间，则需配置列车 2 列。

根据以上分析，编组 2 列列车即可保证在 TBM 连续作业条件下，满足出渣、进料运输的要求。

5. 超前支护

在断层（F_5、F_{12}）洞段及其他不良地质洞段（包括自稳时间较短的软弱破碎岩体、断层破碎带，以及大面积淋水或涌水地段）进行超前支护。超前支护主要包括：超前锚杆、超前小导管注浆等。

（1）超前锚杆支护。

1）超前锚杆是在 TBM 设备前护盾轮廓线的上方，以稍大的外插角，向 TBM 设备刀盘的前方安装锚杆，形成对前方围岩的预锚固，在提前形成的围岩锚固圈保护下进行掘进作业。

2）充分考虑岩体结构面的特性设置，超前锚杆、超前小钢管一般在顶拱部设置，必要时可在边墙局部设置。

3）超前锚杆与钢支撑配合使用，其尾端置于钢支撑腹部或焊接于系统锚杆的环向钢筋，增强共同支护作用。

4）超前锚杆使用早强水泥砂浆锚杆。

5）施工工序。

超前锚杆主要用于节理裂隙发育，但岩石较完整的洞段。施工时采用 TBM 设备配备的锚杆钻机或地质钻机进行钻孔，人工使用专用风枪向孔内输送水泥卷或人工装入树脂卷，然后用锚杆机安插锚杆、钢管。

超前锚杆、钢管上倾角视岩石条件确定，水泥卷、树脂药卷由专业厂家制作，人工将药卷一起推送入孔底并固定，用接头将杆体与钻机连接，用锚杆钻机臂插杆，并旋转杆体，搅碎药卷待药卷凝固后安垫片、拧紧螺帽。其施工工艺见图 6－21。

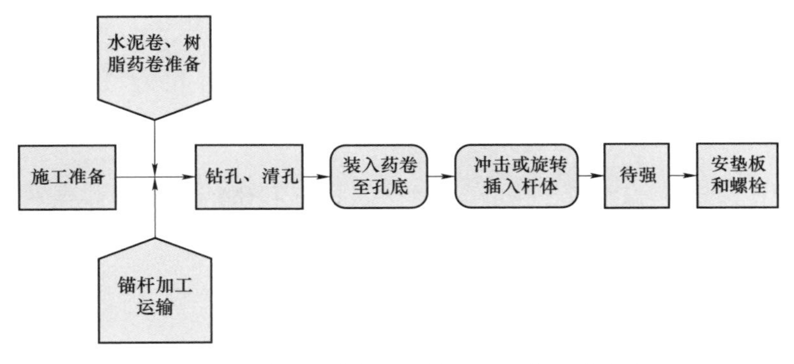

图 6－21　超前锚杆支护施工工艺流程框图

6）施工方法。

a）超前锚杆沿开挖轮廓线，以设计的参数施工，以便在提前形成的围岩锚固圈的保护下进行TBM设备施工；

b）TBM 设备掘进过程中，密切注意锚杆变形及喷射混凝土层开裂起鼓情况，以掌握情况随时调整施工参数；

c）掘进时应注意保留前方有一定长度的锚固区，以使超前锚杆前端有一个稳定的支点。

（2）超前小导管注浆。

在断层破碎带等洞段，由于围岩易产生塌方，故施工前可采用超前小导管注浆进行预支护。超前小导管采用热扎无缝钢管加工制成，前端加工成锥形，尾部焊接加劲箍，管壁同边钻注浆孔，施工时钢管沿隧洞开挖外轮廓线布置，环向间距视围岩情况进行布置。

1）施工工序。

小导管采用TBM设备配备地质钻机钻孔，钻机安装插管，混凝土喷射泵灌注水泥砂浆，其施工工艺流程见图6－22。

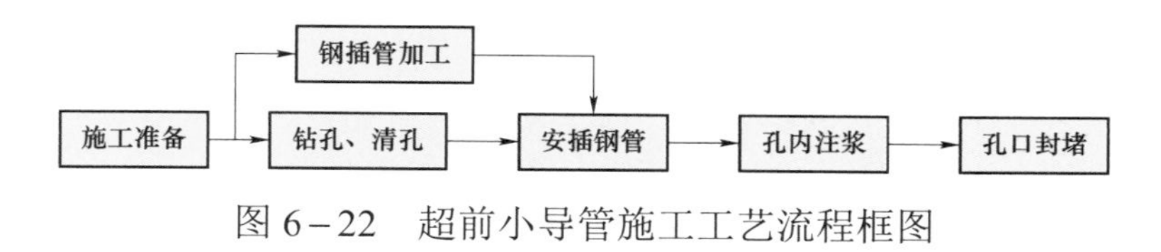

图6－22　超前小导管施工工艺流程框图

2）施工方法。

超前小导管施工方法见图6－23。

a）在TBM设备掘进前，TBM设备前护盾的5m范围内喷射混凝土，封闭岩面；

b）采用TBM设备配备的地质钻机，沿隧洞周边向前方围岩以10°～30°的外插角钻孔；

c）将制作好的小导管顶入围岩，纵向两组小导管间水平搭接长度大于100cm，环向间距200～500mm；

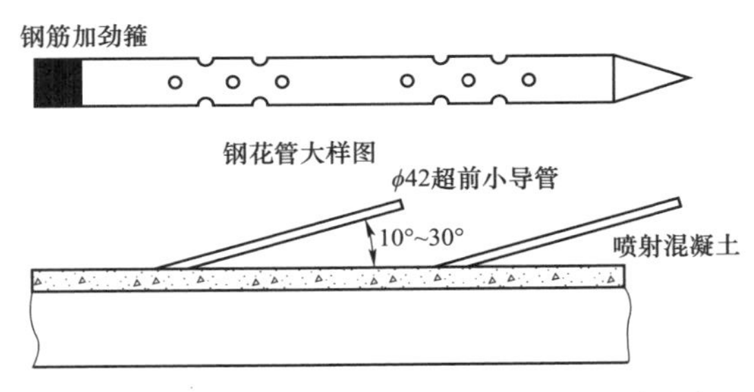

图 6－23　超前小导管施工方法示意图

d）在洞壁 5m 范围内，喷射厚为 50～100mm 的混凝土封闭岩面；

e）检查注浆机具是否完好，并备足注浆材料；

f）小导管注浆（采用水泥砂浆或水泥—水玻璃双液浆灌注时，浆液配合比由现场试验确定），注浆压力为 0.5～1.0MPa，必要时可在孔口处设置能承受规定的最大注浆压力和水压的止浆塞；

g）注浆结束后，钻孔检查或用声波探测仪检查注浆效果，如未达到要求，进行补注浆。

（3）超前灌浆。

当超前勘探孔判断地质条件较差或可能存在大量涌水的情况下，需进行超前灌浆处理。

1）施工工序。

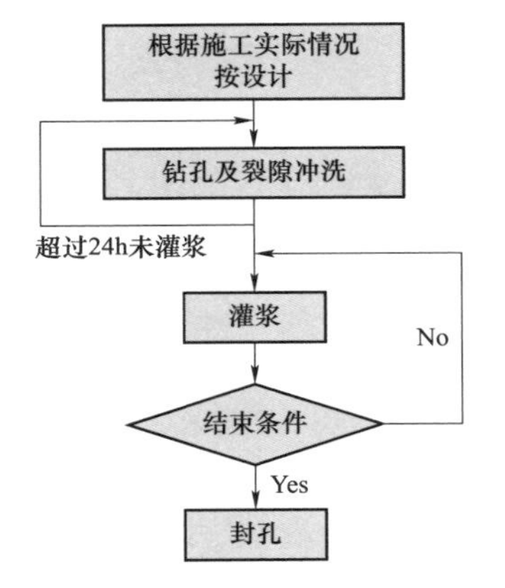

图 6－24　超前灌浆施工工艺流程框图

超前灌浆主要分钻孔和灌浆两大部分工作内容，其施工工艺流程见图 6－24。

2）灌浆方法。

超前灌浆采用分序加密的原则进行，分序序数和分序方法根据地质情况确定。施工时采用孔内循环式灌浆法，分段钻进和灌浆，每段段长 5～8m。为保证对灌浆的有效性控制，在整个过程中（包括压水试验）使用灌浆自动记录仪进行时时跟踪记录。

3）钻孔。

a）超前灌浆的钻孔按要求指定的孔位，采用后配套地质钻机钻孔，孔深和孔向均依据超前勘探孔所揭示的地质情况，并满足设计要求，孔深一般为 30～50m；

b）根据钻孔孔位、孔深、孔径、钻孔顺序进行钻；

c）钻孔按灌浆程序分序分段进行；

d）钻孔过程中进行孔斜测量，并采取措施控制孔斜，其孔底偏差要符合规定；

e）钻进开孔部位采取慢速低压钻进，软弱破碎的部位采用干钻法施工，对钻孔冲洗水、钻孔压力、芯样长度及其他能充分反映岩石特性的因素进行监测和记录；

f）钻孔结束后，对钻孔用木塞封堵进行保护，直到验收合格为止。

4）钻孔冲洗、裂隙冲洗。

a）钻孔结束后，经验收合格的孔，在灌浆之前进行钻孔冲洗和裂隙冲洗；

b）钻孔冲洗采用风水联合冲洗或导管通入大流量水流，从孔底向孔外冲洗的方法进行；

c）裂隙冲洗在钻孔冲洗后连续进行，其方法根据不同的地质条件，通过现场灌浆试验确定；

d）当邻近有正在灌浆的孔或邻近灌浆孔结束不足 24h 时，不进行裂隙冲洗。

对于超前勘探孔所揭示的断层和裂隙等特殊地质条件孔段，钻孔及裂隙冲洗根据规范进行。

5）灌浆。

a）灌浆材料。灌浆材料采用普通硅酸盐水泥，其强度等级不低于 32.5MPa。

b）制浆。根据工程隧洞沿线地质情况，制浆采用临时配备的搅拌机拌制，配比按设计要求进行，拌制水泥浆的顺序为先加水，后加水泥，用磅秤对制浆材料称量，保证称量误差小于 5%。浆液搅拌须均匀，按规定测定浆液密度，并做好记录。浆液在使用前过筛，从开始制备至用光的时间不超过 4h。细水泥浆液的搅拌，要加入减水剂和采用高速搅拌，从制备至用完的时间小于 2h。

c）灌浆施工。按孔内循环式灌浆法分段钻进、灌浆，每段段长 5～8m，一般情况下，按照分序加密的原则进行，分序序数和分序方法根据超前勘探孔所揭示的地质情况确定。

d）灌浆压力。超前灌浆压力按设计要求和灌浆试验进行确定，最大灌浆压力不超过 2.0MPa，使用的灌浆泵最大压力能达到 4.0MPa。灌浆时，第一段灌浆压力不超过 0.5MPa，第二段灌浆压力不超过 1.0MPa。灌浆压力以孔口回浆管上的压力表摆动范围的中值作为控制压力，灌浆时使压力迅速达到规定的极限压力，并且在灌浆过程中不允许降压，必须保证在规定的恒定压力下连续灌浆。

（4）超前勘探。

在不良地质体洞段施工时，为查清地下洞室中尚未开挖岩体的地质情况，及时研究掌子面前方的地质情况及确定开挖断面尺寸和支护措施，在掌子面钻设超前勘探孔。

超前勘探孔的钻孔孔径不小于 65mm，用以确定开挖面前方的岩石类别，或者判断是否存在不良地质体、含水体或含有害气体的裂隙、地层等，勘探孔的位置、方向、长度及数量根据需要现场确定。

6. 风、水、电布设

（1）通风及供风管路布设。

1）通风。

TBM 设备通风管安置在主洞洞室的顶拱部位，风管直径为 1.8m，一直延伸至距 TBM 设备掘进断面约 100m 位置，随着 TBM 设备掘进施工的不断加长，由此通风管路向洞内通风，以改善施工作业面的空气环境。

新鲜空气由通风管路送入，然后通过后配套尾部的风筒轮进入前面的新风机，其中一部分进入到后配套前部补充抽风系统抽出的空气，一部分在后配套的尾部释放。新风机抽取新鲜空气，并把它们加压送入前面的风筒，取代被除尘器抽出的那部分空气。

在若干需要的作业点，同样有足够的新鲜空气通过风筒排风口释放，然后向后配套的后部流动。流经 TBM 设备和后配套的风速，在长距离掘进后为 0.4m/s，而在掘进作业的初期可达到 0.5m/s。两套软风筒轮，各可储存 300m 的软风管。在风管轮前部，还设有硬风管，风管在各台车的相连接处由柔性接头相连，相关位置设有上述风筒轮的提升机构。

此外，除尘器的吸风口和软风管有适当的重叠，确保从 TBM 设备头部到后配套系统尾部的作业人员都有良好质量的空气。

2）供风。

在 TBM 设备的后配套台车上安装 1 台 $10m^3$ 的空气压缩机，用于 TBM 设备施工，分别用于喷浆设备和气动工具的操作，后配套上的压缩空气供应系统足以满足后配套系统的用气设备使用，此系统包括空气压缩机、沿后配套全长的供气管路及必要的零部件。

（2）供、排水管路布设。

1）TBM 设备施工用水来自沿隧道壁铺设到洞室内的主供水管，在后配套上备有水箱，用胶管直接将水经过“Y”形滤网去除砂粒后引入水箱。水箱设有进水浮伐以维持水箱的水位，隧道中的水管与后配套之间通过软管连接，软管由装在后配套上的水管滚筒中接出并延伸。

2）TBM 设备掘进系统供水项目主要有：冷却供水、除尘供水、钻孔等，依靠后配套上设置水箱，以冷却驱动电机、减速箱及液压油冷却器以及刀盘。TBM 需要水箱供水的设备和部位主要有：

刀盘密封、电机、齿轮减速机及液压油冷却水；

滚刀作业腔室；

增压泵；

注浆和混凝土喷射系统；

岩石钻机冲洗用水；

空气压缩机的冷却；

除尘区；

构架冲洗；

作业人员休息设施。

（3）供电管路布设。

TBM 设备的主机及辅助设备的变压器位于后配套上，基本电压为 10kV，工作电压为 50Hz 的三级电压（电机电压 690V，辅助设备电压 400V，照明电压 230V），变压器＋10%～－15%电压变化。后配套上设置有一个管线卷筒，一个高压电缆卷筒可储存 500m 长的电缆线，当 TBM 设备向前掘进时，供电线路可随时方便的向前延伸。

（4）TBM 设备施工材料及零配件的供应。

1）施工材料的供应。

紧随 TBM 设备掘进施工的辅助施工项目有：轨道铺设、Ⅳ、Ⅴ类围岩架设钢支撑（每榀五节）支护及超前勘探等。材料供应根据 TBM 设备掘进速度合理确定。

2）刀具的管理供应。

根据以往施工经验，刀具的磨损与消耗不仅增加易损件的消耗量和设备的维修工作量，还降低 TBM 设备的有效工作时间，导致单位隧洞开挖成本的提高。施工过程中应根据围岩条件控制掘进速度，管理好刀具，控制成本，提高掘进速度。

3）其他配件的供应。

主要备件有：齿轮减速器、推力油缸外套、从动齿轮、刀盘驱动电机、撑靴油缸外套、推进油缸及扭矩油缸等。主要备件的供应一般只配备一套，特殊情况下增加备用量。

其他配件的供应在设备进场后，第一套按厂家小配件供应清单供应，其余备件的供应根据经验供应。

在前期施工时，尽快掌握易损件和故障较多的配件更换规律，并建立配件供应制度，在保障施工进度的情况下不致增加施工成本。

7. 劳动组织

TBM设备作业面实行两班工作制，每个掘进班的时间为10h，维护工作时间为4h，则TBM设备每天工作时间为20h。每掘进班施工人员包括：TBM设备作业人员、TBM设备检修人员、TBM设备电气维修人员及辅助作业人员，各工种所需人员见表6–17。

表6–17　TBM设备掘进班施工人员配备表

序号	岗位/工种/人数	高级熟练工	熟练工	半熟练工	普工	小计
1	工长	1				1
2	TBM设备操作手册	2				2
3	牵引机车司机及信号工		4	6		10
4	初期支护		2	2	4	8
5	钢轨铺设		1	1	4	6
6	风、水、电管路安装		2	2	1	5
7	石渣运输			1	2	3
8	后配套			1		1
9	液压工	1	1	1		3
10	机械工	2	1	1		4
11	TBM设备检修工	1	1	2	1	5
12	TBM设备电气维修工		2	2		4
13	其他辅助人员				2	2
合　计		7	14	19	14	54

6.3.4.6　拆卸和运输

当TBM设备完成掘进施工后，行驶至通风洞出口进行拆卸。TBM设备的拆卸相对安装较为容易，在前期运输、安装经验的基础上，有计划、有组织、有安排的进行拆卸工作，以保证高效地拆除TBM设备过程中尽量保护设备各结构的完好性，便于设备各构件评估后的再利用，减少工程施工成本。

1. 拆卸准备工作

（1）准备好洞外的拆卸临时存放仓库。

（2）按 TBM 设备拆卸要求拆卸。

（3）机械设备在拆卸场内布置相应的吊装设备。

2. 拆卸方案

（1）TBM 设备拆卸步骤。

整套设备拆除工作包括连接桥前的主机拆除和后配套拆除两部分，第一步 TBM 设备掘进贯通本标段隧洞；第二步 TBM 设备后退，在拆卸间安装钢轨和支撑支架、吊装及牵引装置；第三步 TBM 设备前进，将刀盘全部进入拆卸间内的支架上，并断开连接桥；第四步开始拆卸刀盘；第五步开始拆除护盾支撑、主机辅助施工设备、驱动及润滑系统及主机架等；第六步开始拆除后配套机架及设备。

主机由重大构件及液压、润滑等系统所组成，因而 TBM 设备拆除难点是主机系统的拆除。分部位 TBM 设备拆卸时，与安装顺序相同，即先从主机开始，边拆边外运，拆完主机后再拆后配套，即从前往后拆，自上而下拆。

（2）TBM 设备主机拆卸。

1）主机拆卸。

主机拆卸流程。

主机拆卸流程见图 6－25。

2）主机拆卸施工步骤要点。

a. 拆卸前编制详细的拆卸运输计划，做好拆卸前的准备工作，避免受力过程中脱落、拉断等事故发生。

b. 安装刀盘护盾支架，TBM 设备前进将刀盘放在支架上。

c. 断开后配套连接桥，在主梁等部位设置钢支架。

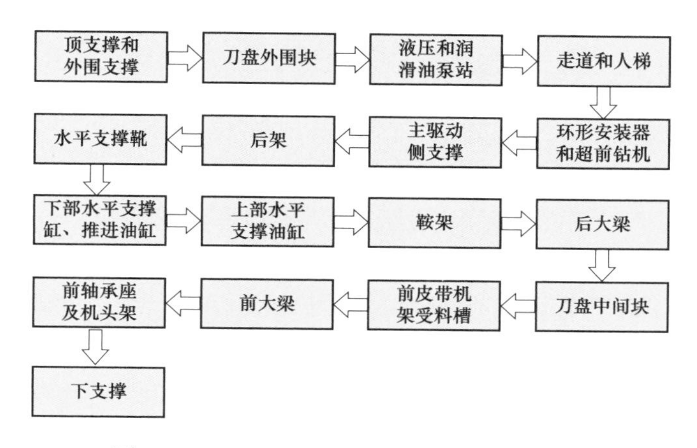

图6－25　TBM设备主机拆卸流程框图

d. 拆除刀盘及液压、润滑油泵站，注意应释放所有压力后再操作，避免高压液体刺伤施工人员。

e. 将环形安装器、超前钻机、锚杆钻机、工作平台、走道和人梯拆除。

f. 拆除主驱动及侧支撑。

g. 拆除前皮带机和受料槽。

h. 拆除刀盘中间块体。

i. 拆除机头架和前轴承座。

j. 运走下支撑。

k. 拆除前大梁。

l. 拆除推进油缸及支撑靴。

m. 拆除上部水平支撑油缸及鞍架。

n. 拆除后架、下部水平支撑油缸。

o. 拆除后大梁。

p. 将后支撑吊装运走。

3）后配套拆卸。

a. 后配套拆卸流程。

主机各部件拆卸运输完成后，开始拆卸后配套。拆卸时，从前往后逐件拆除连接桥和各节台车，后配套拆卸流程见图 6－26。

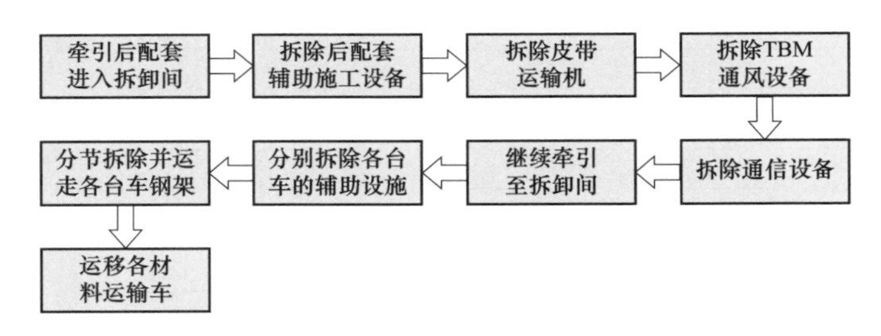

图 6－26　TBM 设备后配套拆卸流程框图

b. 后配套拆卸施工步骤要点。

a）后配套大部分设备损耗较小，设备再利用率高，拆卸过程中应尽量维护设备的完好率，避免对构件造成较大的损坏。

b）通过拆卸间前的地锚将后配套牵引到拆卸间。

c）先拆除连接桥上的辅助施工设备，如喷浆机械设备、锚杆钻机及钢轨安装设备等。

d）拆除后配套上所有辅助设施，如皮带运输机、通风设备、通信设施、电器控制设施、供电设施及其他设施。

e）拆除后配套车辆上的钢架。

f）分节拆除，并运走台车。

6.3.5　TBM 施工进度分析

6.3.5.1　TBM 施工进度

1. 进度计划

（1）掘进速度的计算。

根据本方案初拟的设备特性，对于本方案施工段围岩地质条件，拟定 TBM 在Ⅱ类围岩中平均掘进速度为 3.6m/h（6cm/min）；TBM 在Ⅲ类围岩中平均掘进速度为 3.96m/h（6.6cm/min）。据此按两班制工作（每班 10 小时），每月工作 25 天，掘进作业利用率 40%计算，在Ⅱ～Ⅲ类围岩条件下月综合进尺 720m，计算见表 6－18。

表 6－18　　TBM 月综合进尺计算表

围岩分类	掘进速度（m/h）	日工作小时（h）	月工作天数（天）	掘进作业利用率	月综合进尺（m/月）
Ⅱ	3.6	20	25	0.4	720
Ⅲ	3.96	20	25	0.4	792

同时根据 TBM 设备的掘进行程，确定其循环行程为 1.80m，计算不同类别围岩的 TBM 设备作业循环时间，计算见表 6－19。

表 6－19　　TBM 设备掘进速度计算结果表

项目名称	单　位	围　岩　类　别	
		Ⅱ	Ⅲ
循环行程	m	1.8	1.8
掘进速度	m/h	3.6	3.96
循环时间	min	30	27

（2）总工期计算。

根据 TBM 设备在各类围岩中的作业循环时间不同，对不同类别围岩的掘进速度进行计算。不同类别的围岩中，TBM 设备掘进时的推进速度、刀盘转速、刀盘推力和扭矩不同，掘进时间和辅助掘进时间也不同，因此 TBM 在Ⅱ、Ⅲ类围岩中表现出的掘进速度也不同，以此推算的不同类别围岩的月掘进强度存在有较大的差异，综合考虑设备性能和类似工程实际掘进速度，本次拟定的掘进速度为：Ⅱ～Ⅲ类围岩平均月进尺为 700m/月。由此计算施工工期，其计算见表 6－20。

表 6－20　　TBM 设备施工工期表

项目	Ⅱ类（m）	Ⅲ类（m）	合计（m）	工期（月）
通风洞口段		24.55	24.55	0.04
通风洞身段	1131.13	155.45	1286.58	1.84
通风洞身段	214.5		214.5	0.31
厂房段	104		104	0.15
交通洞身段	983.58	412.41	1395.99	1.99
合　计			3025.62	4.32

以此估算 TBM 设备开挖工期 4.3 个月，考虑安装工期 2 个月，安装前的准备时间 1 个月，总工期 7.3 个月，工期计算中取 7.5 个月。

6.3.5.2　与钻爆法施工工期对比

由于交通洞通风洞是该工程关键线路上的节点工程。采用常规钻爆法施工从通风洞交通洞洞挖开始至地下厂房开挖需要工期 16 个月，工程建设期 94 个月（包含筹建期和准备期 24 个月）；采用 TBM 施工方案，从 TBM 安装调试到地下厂房开挖需要 7.5 个月，工程建设期 86 个月，两种不同施工方案对工程建设工期的影响对比见图 6－27 和图 6－28、表 6－21，应用 TBM 施工后工程关键节点工期对比见表 6－22。

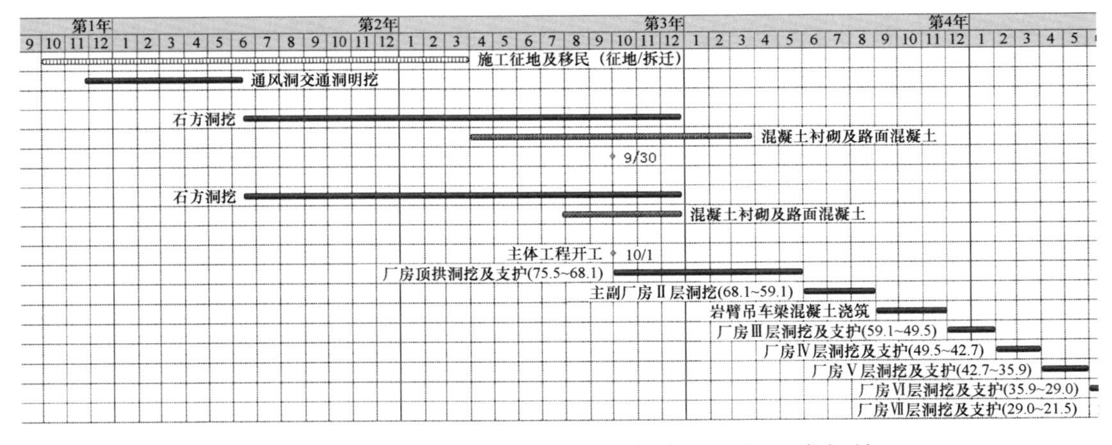

图 6－27　交通洞、通风洞及地下厂房施工工期（常规施工）

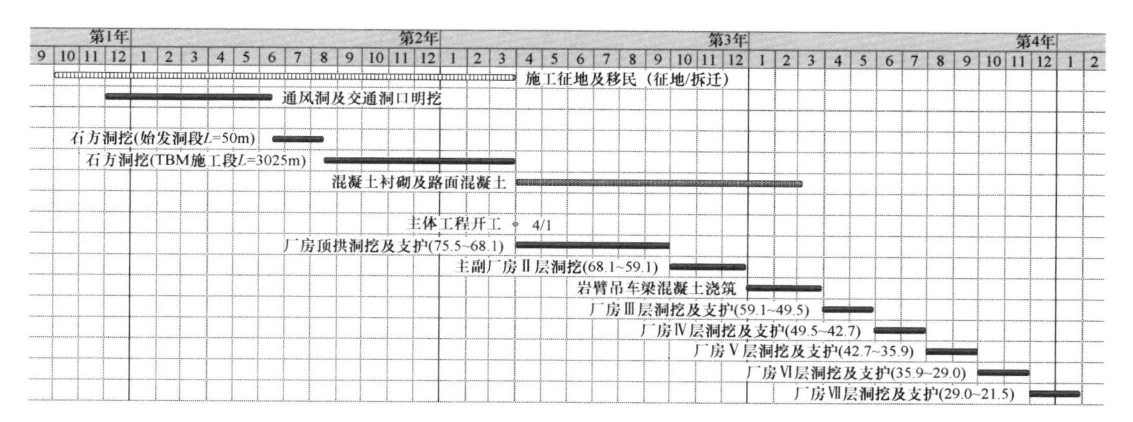

图 6－28　交通洞、通风洞及地下厂房施工工期（应用 TBM 施工）

表 6－21　　工程建设期对比分析汇总　　月

项目	A. 工程筹建期（含准备期）		B. 主体施工期	C. 完建期	工程建设期（D＝A＋B＋C）
	筹建期	准备期			
钻爆法施工方案	8＋10	6	52	18	94
应用 TBM 方案	8＋4	6	50	18	86

表 6－22　　关键节点工期对比分析汇总　　月

项目	开工至通风洞洞挖开始	通风洞开挖至厂房端墙	主体厂房Ⅰ、Ⅱ层施工导洞开挖	主体厂房开挖	厂房混凝土浇筑至首台机发电	第 2～6 台机发电工期	首台机发电工期	工程建设期
钻爆法施工方案	8	16	2	22	28	18	76	94
应用 TBM 方案	8	10	0	22	28	18	68	86

6.3.5.3　小结

对于文登抽水蓄能电站交通洞和通风洞，应用 TBM 施工可以有效提高隧洞开挖速度，并且通风洞和交通洞是控制抽水蓄能电站工程建设工期的关键项目，利用 TBM 施工提高通风洞和交通洞的工效，对缩短抽水蓄能电站工程建设工期非常有利，以文登抽水蓄能电站为例，利用 TBM 开挖通风洞和交通洞后，可缩短工程建设 8 个月，所以 TBM 在抽水蓄能电站通风洞和交通洞施工中具有非常大的应用前景。

6.3.6 工程投资对比

6.3.6.1 编制依据

抽水蓄能电站明挖、洞挖先进施工技术应用经济研究以文登抽水蓄能电站可研阶段概算投资为基础，价格水平为 2013 年 3 季度，主要编制依据：

（1）项目划分、费用标准按可再生定额〔2008〕5 号文颁布的《水电工程设计概算编制规定（2007 年版）》及《水电工程设计概算费用标准（2007 年版）》计取；

（2）可再生定额〔2009〕22 号关于颁布《水电工程设计概算编制规定（2007 年版）》第 1 号修改单的通知；

（3）可再生定额〔2008〕5 号文颁布的《水电建筑工程概算定额（2007 年版）》；原国家经济贸易委员会公告 2003 年第 38 号《水电设备安装工程概算定额（2003 年版）》；水电规造价〔2004〕0028 号《水电施工机械台时费定额（2004 年版）》；

（4）补充的 TBM 单价计算以水利部水总〔2014〕429 号文“关于发布《水利工程设计概（估）算编制规定》的通知”为主要编制原则；

（5）补充的 TBM 开挖及相关台时费部分单价执行水利部水总〔2007〕118 号文颁布的《水利工程概预算补充定额（掘进机施工隧洞工程）》及水利部水总〔2002〕116 号文颁布的《水利建筑工程概算定额》《水利工程施工机械台时费定额》；

（6）国家及山东省现行相关政策及文件；

（7）现阶段各专业提供的设计资料及工程图纸。

6.3.6.2　平洞 TBM 设备台时费计算基本假定

（1）经询价，平洞 9m 直径的 TBM 设备总价为 15 000 万元/台；

（2）设备使用情况拟定：设备寿命期总运行公里数拟定为 20km。

（3）TBM 设备刀具消耗只与掘进工作量有关，与设备老化无关；

（4）设备残值率参考《全国统一施工机械台班费用编制规则》中的掘进机械的残值率为 5%；

（5）修理及替换设备费按《水利工程概预算补充定额（掘进机施工隧洞工程）》中敞开式 TBM 设备（直径 9m）修理及替换设备费与折旧费的比例推算，运行公里数低于 40km 的按比例折减该费用；

（6）机械台时二类费用参照定额计算。

6.3.6.3　平洞石方开挖及临时工程编制方法

石方开挖选取《水利工程概预算补充定额（掘进机施工隧洞工程）》中敞开式 TBM 掘进隧洞开挖直径 9m 单轴抗压强度 100～150MPa 的定额计算，石方运输距离为洞内 0.3km，洞外 4.5km。

TBM 工作时需要比原平洞钻爆法增加步进洞、始发洞段等施工临时工程，均按照设计提供工程量乘单价计算。TBM 安装调试及拆除选取相应定额单独计算投资。

6.3.6.4　投资对比表

平洞“TBM 法”施工方案工程总概算对比见表 6－23。

表 6－23　　工程总概算对比表（平洞“TBM”法）

编号	工程或费用名称	“TBM 法”设计概算（万元）	“钻爆法”设计概算（万元）
Ⅰ	枢纽工程	512 912.06	505 681.91
一	第一项　施工辅助工程	31 071.15	30 360.4
二	第二项　建筑工程	191 554.38	185 035.91
三	第三项　环境保护和水土保持工程	6928.55	6928.55
四	第四项　机电设备及安装工程	230 509.99	230 509.07
五	第五项　金属结构设备及安装工程	52 847.99	52 847.98
Ⅱ	建设征地和移民安置补偿费用	26 268.98	26 268.98
Ⅱ－1	水库淹没影响区补偿费用	6369.2	6369.2
Ⅱ－2	枢纽工程建设区补偿费用	19 899.78	19 899.78
Ⅲ	独立费用	99 451.94	98 861.97
一	项目建设管理费	38 312.19	37 758.37
二	生产准备费	8672.84	8672.84
三	科研勘测设计费	43 174.5	43 138.35
四	其他税费	9292.41	9292.41
	Ⅰ、Ⅱ、Ⅲ部分合计	638 633.04	630 812.92
Ⅳ	基本预备费	38 055.27	37 586.09
	工程静态投资（Ⅰ～Ⅳ 部分合计）	676 688.25	668 398.95
Ⅴ	价差预备费	54 553.39	61 429.58
Ⅵ	建设期利息	130 611.72	126 848.54
	工程总投资（Ⅰ～Ⅵ 部分合计）	861 853.42	856 677.07
	与“钻爆法”施工投资差额	5176.35	

6.3.7　小结

通过对文登抽水蓄能电站长隧洞（交通洞和通风洞）施工中TBM的应用研究，与常规“钻爆法”施工交通洞和通风洞相比，应用TBM施工，可以缩短工程建设工期8个月，TBM在抽水蓄能电站施工中的应用具有很好的前景。

应用TBM施工后，在抽水蓄能电站关键部位应用TBM施工，虽然工程总投资率略有增加（增加0.52亿元），但其在缩短工程总体建设期，提前获得容量效益收益方面具有优势。

6.4　斜井TBM施工技术应用研究

6.4.1　研究方案拟定

文登抽水蓄能电站水道系统由引水系统和尾水系统两部分组成。引水系统长度1379m，高压管道分为上平段、上斜段、中平段、下斜段和下平段。

压力管道斜井开挖如考虑采用TBM设备，压力管道斜井设计长度则不受施工设备限制，自上而下布置一条斜井即可。基于对TBM在长斜井的施工应用和今后国内抽水蓄能电站压力管道斜井的设计拓展考虑，本次结合文登抽水蓄能电站地质情况和地下系统的布置，拟定引水压力管道长斜井布置方案。具体布置方案（长斜井方案）见图6－29和图6－30。

在长斜井施工中，TBM应用方案有两种：方案一，TBM一次全断面开挖成洞；方案二，TBM施工导洞，导洞完成后再进行二次扩挖成洞。

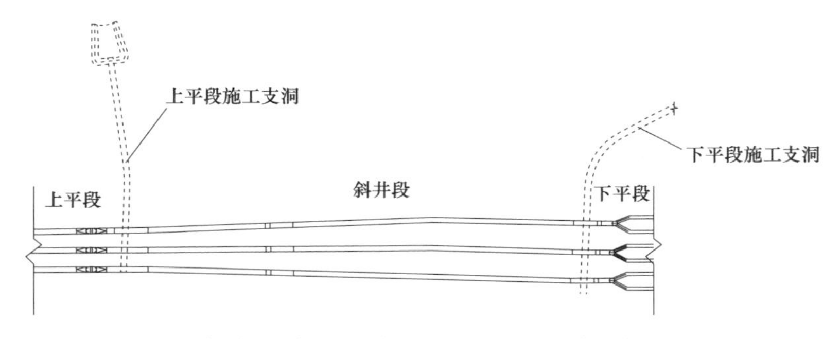

图 6－29 拟定方案（长斜井方案）压力管道平面布置图

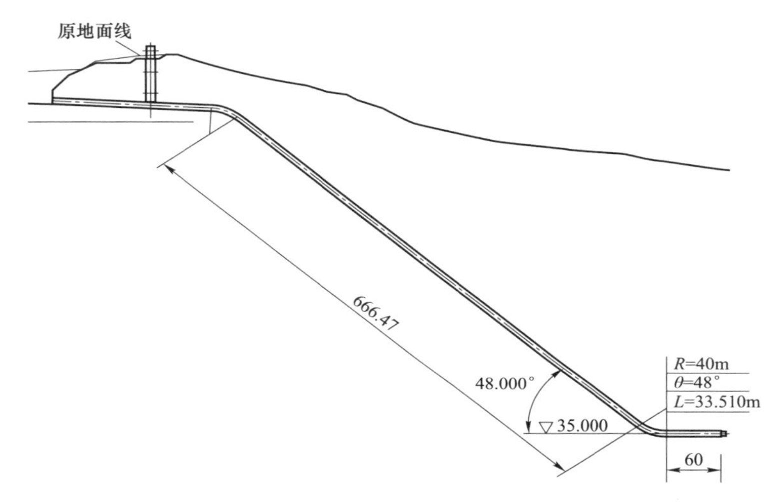

图 6－30 拟定方案（长斜井方案）压力管道剖面图

方案一：斜井开挖直径 6.3m，一次开挖成洞需要的 TBM 设备直径较大（需要 6.33m），方案一优点在于斜井可以一次成型，压力管道开挖总工期较短，缺点在于 TBM 直径大设备价格高，TBM 设备只能用于其他相同开挖直径的压力管道工程中，重复利用率相对较低。

方案二：采用 TBM 施工导洞则可以采用开挖直径 2.5m 的小直径 TBM，相对方案一其优点在于小直径的 TBM 设备价格相对低，TBM 设备还可以再用于其他蓄能电站的压力管道开挖中，重复利用率相对较高；缺点在于斜井导洞开挖完成后还需等待 TBM 设备拆除后再开始组织扩挖施工，施工工序多，与方案一比较压力管道开挖总工期较长。

本次对两种方案的 TBM 应用一起进行对比分析说明。

6.4.2　地质条件

引水系统布置于南库岸与大过顶之间的山体内，沿线山脊高程在530～660m之间，山体走向近南北向，沿山脊分布有一处较大的地形垭口，位于上水库右岸和大过顶之间，垭口宽度为100m左右。其东西两侧各有一条支沟，东侧支沟为苇夼沟，冲沟呈“之”字形展布；西侧支沟为六度寺沟，冲沟呈“一”字形，两者均为深切的“V”形沟谷，沟内局部形成高差约10m左右的基岩陡坎。

上水库进/出水口和闸门井位于上水库右岸两冲沟之间的山梁部位，进/出水口引水明渠东边坡距坝体上游面坡脚最近距离12m，明渠底板高程为565m，地面高程590～630m，地形自然坡度约35°。

引水隧洞采用长斜井布置，轴线方向为SE155°，穿过上水库右岸单薄分水岭，地面坡度小于30°，局部较陡，沿线上覆岩体厚度为80～550m。上平段、长斜井段、下平段。管道基本沿山脊布置，两侧均发育有冲沟，其中西侧六度寺沟下切深度较大。

引水系统沿线基岩主要为石英二长岩和部分二长花岗岩，局部发育有少量煌斑岩、石英岩等岩脉。

石英二长岩在输水系统沿线均有分布，二长花岗岩则主要分布在高压管道岔管及厂房附近。野外调查发现，二者呈混熔接触，因二长花岗岩的同化作用，两者呈渐变过渡，接触界限不明显，而且不存在软弱接触带和接触蚀变带，只是过渡带岩性结构局部有所变化，二长花岗岩中出现长石斑晶，岩石物理力学性质无明显差异，斜井沿线地质剖面见图6-31。

覆盖层为第四系崩积及残坡积物，零星分布于地表。

（1）断层。

水道系统沿线断裂构造发育，断层走向以近EW向为主，优势产状为：NW275°SW∠75°，与引水系统大角度相交。

（2）裂隙。

裂隙发育方向大部分呈 E－W 向，主要有 2 组：

1）近 E－W 向陡倾角裂隙组：该组裂隙由 NEE、NWW 向接近 E－W 向的裂隙组成，优势产状为 NW275° SW∠80°，裂面平直光滑，延伸较长，主要发育于石英二长岩内。

2）NWW 向缓倾角裂隙组：该组裂隙倾角一般小于 30°，总计 155 条，约占总统计条数的 6%，优势产状为 NW278° SW∠30°，裂面平直，一般延伸较短，主要发育于二长花岗岩及石英正长岩内。

主要断层汇总见表 6－24。

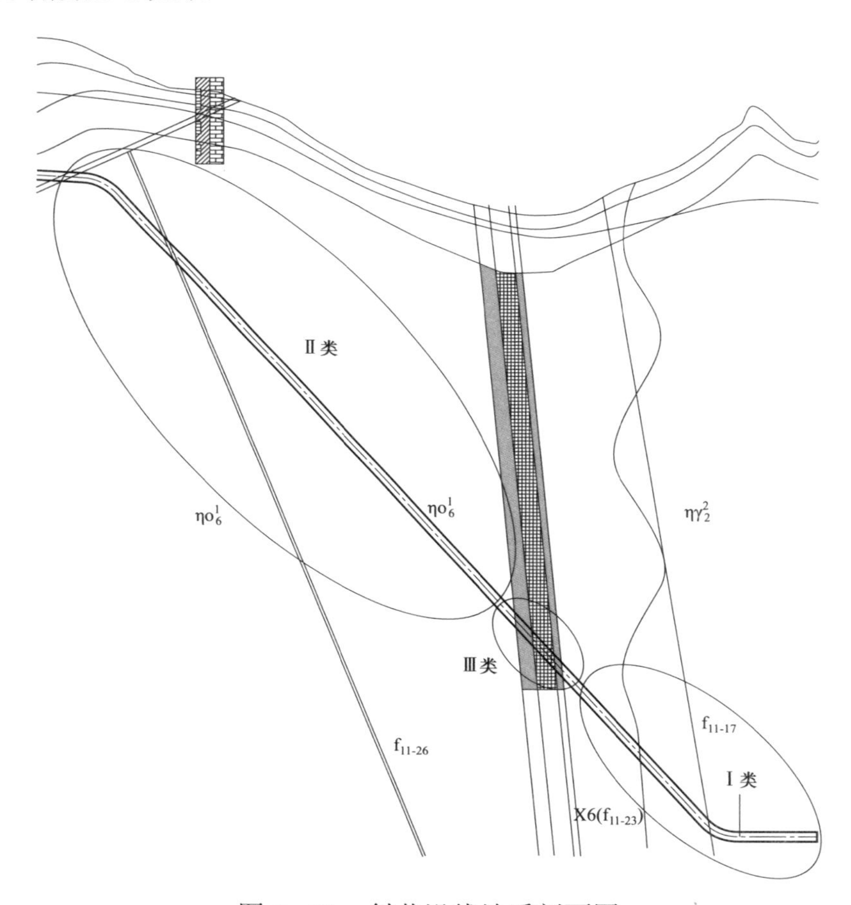

图 6－31　斜井沿线地质剖面图

表 6-24　　　　水道系统沿线主要断层汇总表

编号	出露位置	产状	宽度（m）	力学性质	地质描述
f_{11-17}	PD11 探洞内 324m	NW285° SW∠84°	0.5～2	张扭	断层主要由碎裂岩组成，透水性较好
f_{11-26}	PD11 探洞内 583m	NW280° SW∠77°	1～1.5	张扭	断层主要由碎裂岩组成，洞顶线状流水，左壁涌水，水量约 20L/min
f_{11-23}	大过顶北	NW85° SE∠75°	30	压扭	断层主要由碎裂岩、少量断层泥及后期侵入的煌斑岩脉组成，其中发育走向 325°～340° 倾角 80° 裂隙，该组裂隙 10 条/m，裂面发育钙膜，受东西向裂隙切割，两者相互交错，致使岩体相对较破碎

输水系统地表出露岩体风化程度有一定差异，石英二长岩风化较强，全、强风化带厚度一般 3～10m，上水库进/出水口地段风化带较厚 15～30m，最大深度达 55m，弱风化带厚度 20～30m；二长花岗岩风化较弱，弱风化带厚度一般 15～25m，局部呈强风化。较大的断层、岩脉通过部位风化较深。输水系统隧洞由于埋深较大，围岩以微风化～新鲜岩体为主。

地下水类型为基岩裂隙水，主要赋存于有一定张开度的断层、裂隙和风化岩体中，地下水埋深 12～80m，总体由北向南排泄，输水系统轴线部位为通过裂隙网络由山脊向东西两侧沟谷排泄。

6.4.3　TBM 技术参数设计

根据拟定的两个 TBM 应用方案，适于本方案的敞开式 TBM 特性见表 6-25，其主机设备布置见图 6-32 和图 6-33。

表 6－25　　敞开式 TBM 特性表（方案一与方案二）

项　　目	单位	方案一	方案二
洞径	m	6.3	2.5
设备类型		敞开式（凯式）	敞开式（凯式）
设备直径	mm	ϕ6330	ϕ2530
主机长度	m	20	7
整机长度	m	75	73
主机重量	t	约 285	约 140
整机重量	t	约 540	约 250
刀盘中心块		60t（1 块）	约 23t
刀盘边块		16t（4 块）	无
最小转弯半径	m	400	300
换步时间	min	≤5	≤5
掘进行程	mm	1800	1000
最大不可分割部件重量	t	约 60	约 23
最大不可分割部件尺寸（长×宽×高）	mm	3300×3300×1982	2500×2500×1430
装机功率	kW	约 3200	约 1150

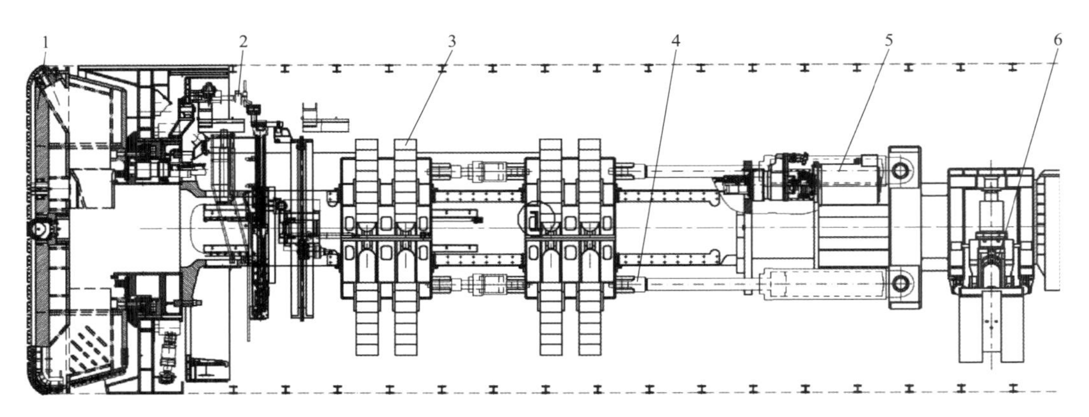

图 6－32　方案一主机设备布置

1—刀盘；2—喷混装置；3—撑靴；4—推进油缸；5—电机；6—后支撑

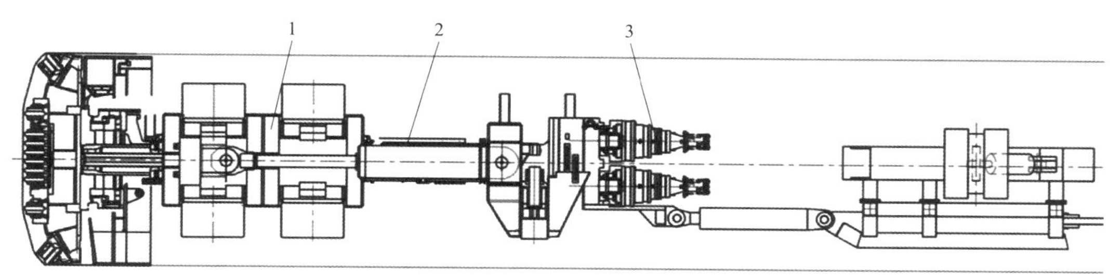

图 6－33　方案二主机设备布置

1—外凯；2—内凯；3—主驱动

6.4.4　施工组织设计

斜井 TBM 施工组织设计与第 6.3.4 节施工组织设计基本一致，本节仅对不同于平洞 TBM 的施工组织部分予以详细说明。

6.4.4.1　设备安装

1. 设备运输

方案一和方案二选定的 TBM 最大件尺寸分别为：3300mm × 3300mm × 1982mm 和 2500mm × 2500mm × 1430mm（长 × 宽 × 高）重量分别为 60t 和 23t，根据铁路和公路超限规定、公路情况和本方案 TBM 设备特点，超限货物均选择公路运输，其他非超限货物根据具体情况选择铁路或公路运输。

2. 组装和调试

TBM 设备的组装需要在洞内完成。组装场尺寸是根据所选设备的外形尺寸和组装、始发的需要，并考虑 TBM 设备主机大件的摆放及部件转运所必需的卸车区域等因素而确定的。洞内场地开挖完成后，做好底部的硬化，以满足组装要求。

为减少洞内场地开挖，本方案 TBM 拟采用分体组装进洞。分体组装首先在洞内安装场内组装主机（主机长度分别 20m、7m），主机组装调试结束后，再分段组装后配套机附属设备等，各分体组装调试完成后推送进预先开挖完成的步进洞段。

（1）步进洞段及始发洞段开挖。

在 TBM 组装前需要提前完成步进洞和始发洞段的开挖。始发洞段和步进洞长度根据拟定设备的外形尺寸和组装、始发的需要确定。斜井设计开挖断面见图 6－34。

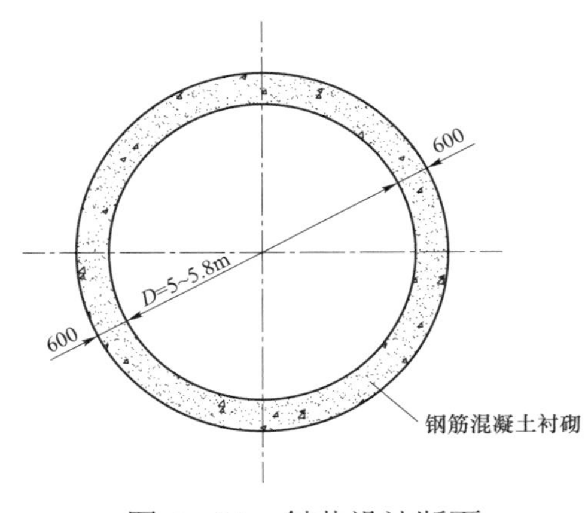

图 6－34 斜井设计断面

方案一，步进洞段长度 55m，始发洞长 5m。步进洞段和始发洞段结合斜井设计开挖断面按照满足设备通行及开挖需要的原则确定断面尺寸和开挖及支护参数。步进洞开挖支护见图 6－35 和图 6－36。

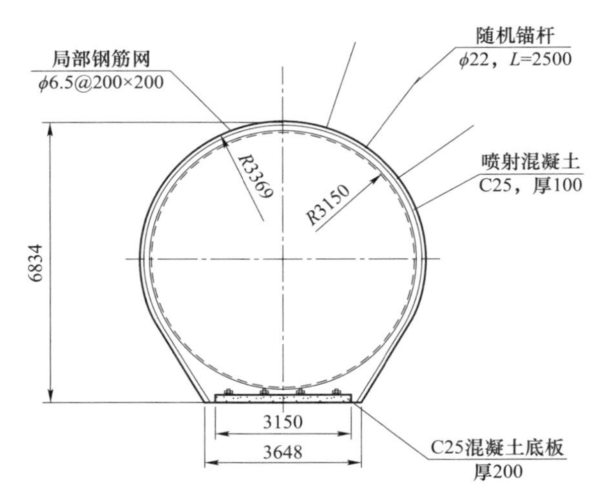

图 6－35 TBM 步进洞段开挖支护图（方案一）

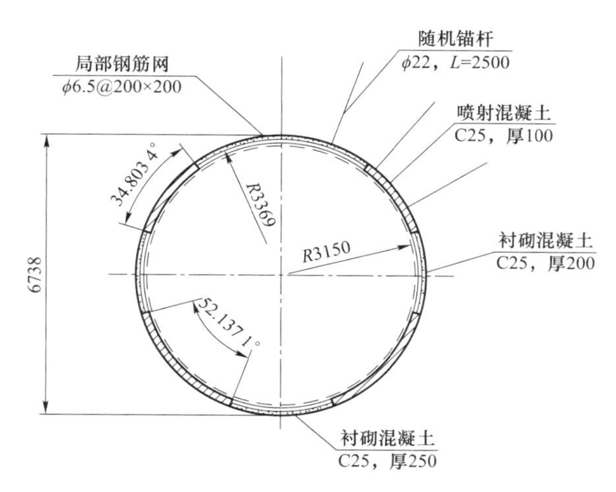

图6-36 TBM出发洞段开挖支护图（方案一）

方案二，步进洞段长度55m，始发洞长5m。步进洞段和始发洞段结合斜井设计开挖断面按照满足设备通行及开挖需要的原则确定断面尺寸和开挖及支护参数。步进洞开挖支护见图6-37和图6-38。

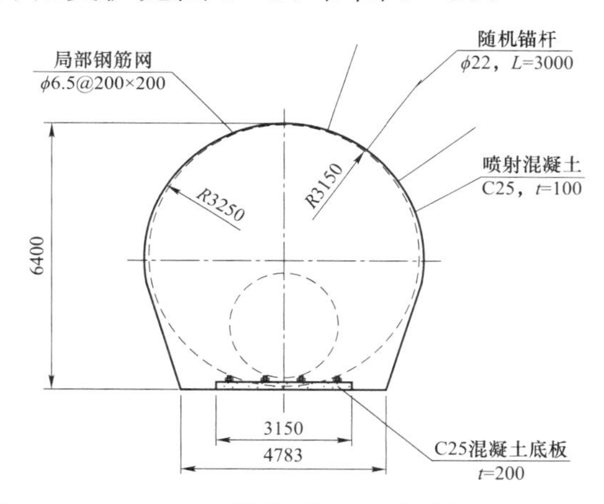

图6-37 TBM步进洞段开挖支护图（方案二）

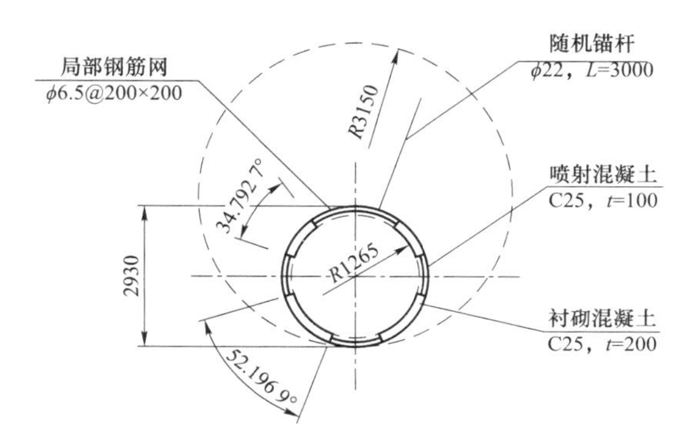

图6-38 TBM出发洞段开挖支护图（方案二）

（2）TBM 组装。

方案一和方案二组装 TBM 均采用桥式起重机吊装，桥式起重机实际工组跨度、起吊高度、运行距离根据不同设备确定，TBM 吊装场地尺寸根据桥式起重机工作运行所需空间以及自身安装所需尺寸来确定。

方案一，TBM 直径 6.33m，主机长度 20m，采用分步骤安装调试，安装场地只需满足主机安装需要即可，连接桥、后配套及附属设备利用下平段已开挖的洞室即可。主机安装洞采用蘑菇形断面，开挖尺寸 15m × 10.4m × 11m（长 × 宽 × 高）。主机安装洞断面见图 6－39 和图 6－40。

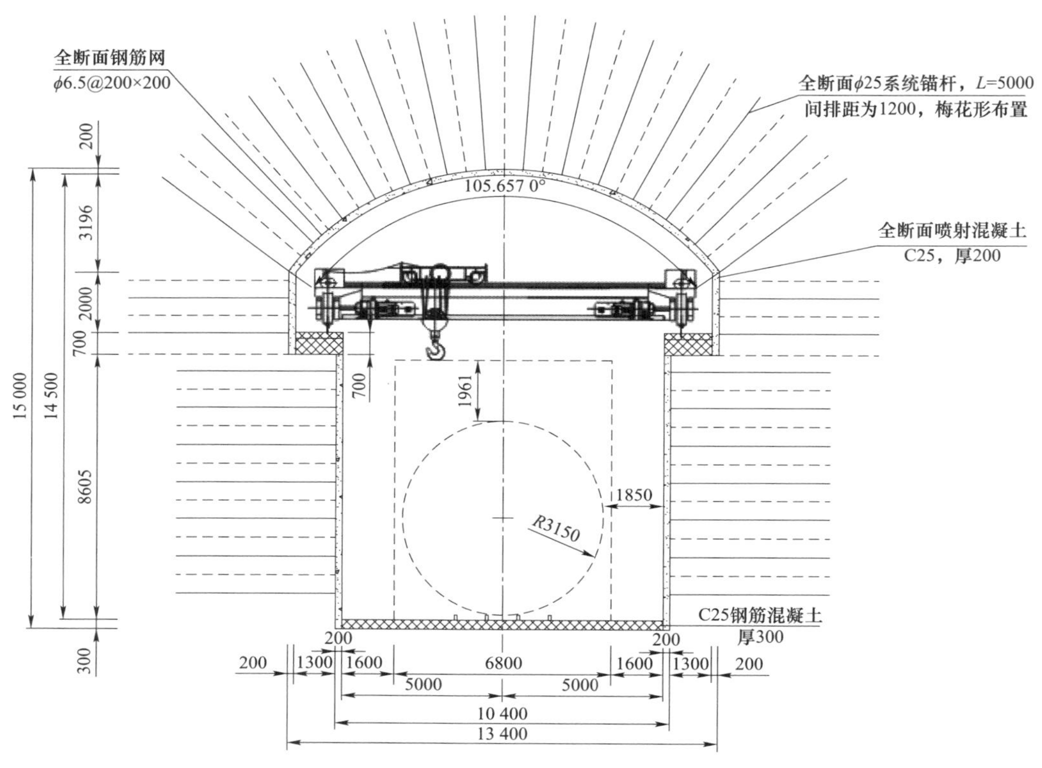

图 6－39　主机安装洞开挖支护断面（方案一）

主机组装使用 70t 桥式起重机，后配套组装用 20t 汽车起重机，主机大件摆放的原则是：摆放位置尽量靠近组装位置且吊装互不干扰。

下平段设计开挖尺寸：8m × 8.5m（宽 × 高），后配套及附属设备组装场地利用下平段洞室即可。

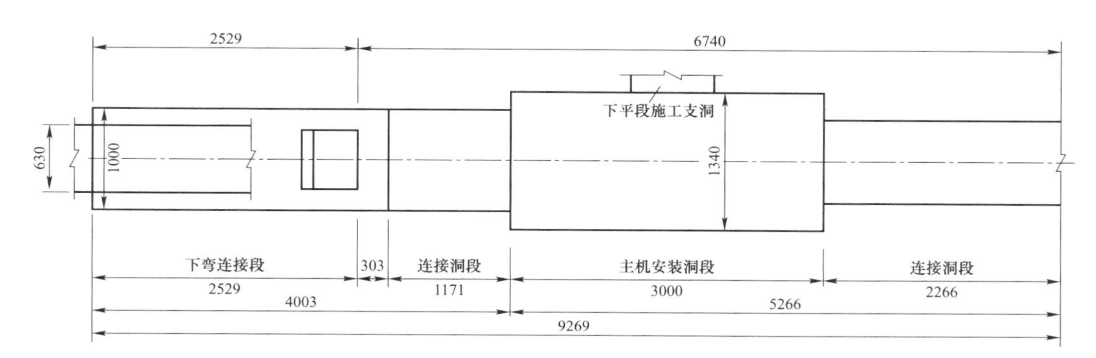

图 6-40　TBM 安装场平面布置图（方案一）

方案二，TBM 直径 2.53m，主机长度 7m，采用分步骤安装调试，安装场地只需满足主机安装需要即可，连接桥、后配套及附属设备利用下平段已开挖的洞室即可。主机安装洞采用蘑菇形断面，开挖尺寸 15m×10.4m×11m（长×宽×高）。主机安装洞断面见图 6-41 和图 6-42。

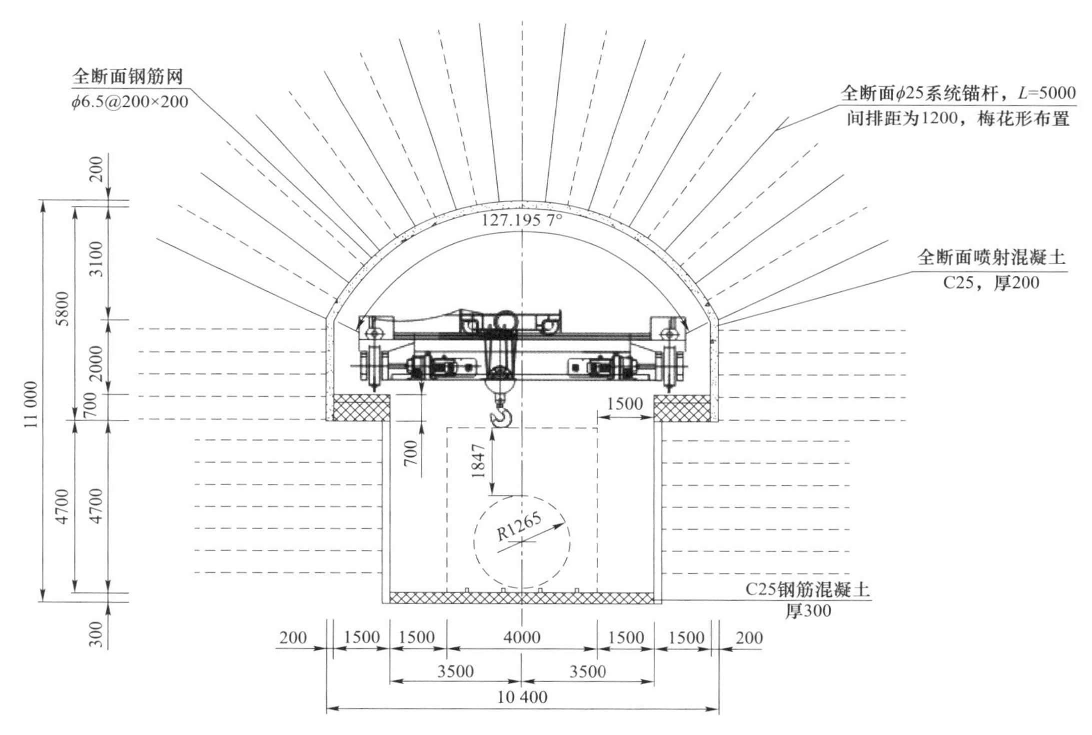

图 6-41　主机安装洞开挖支护断面（方案二）

主机组装使用 30t 桥式起重机，后配套组装用 10t 汽车起重机，主机大件摆放的原则是：摆放位置尽量靠近组装位置且吊装互不干涉。

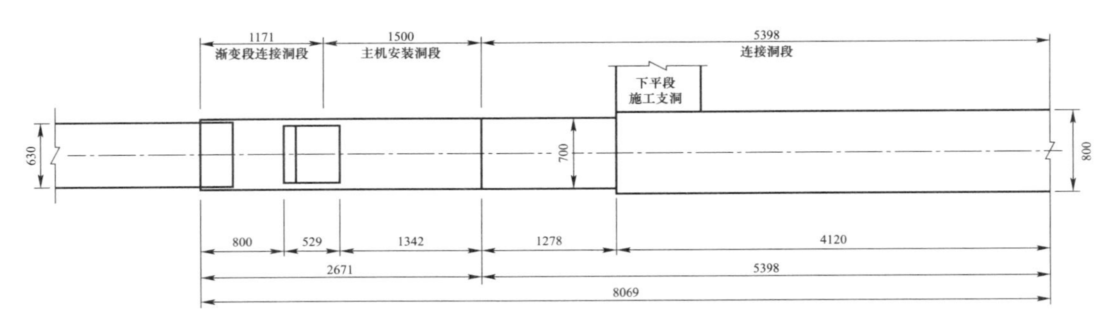

图 6－42　TBM 安装场平面布置图

下平段设计开挖尺寸：8m×8.5m（宽×高），后配套及附属设备组装场地利用下平段洞室即可。

（3）组装、调试工作的人员组织。

设备组装和调试一般由施工承包人负责组织设备厂家进行，总共需要人员 26 人。设备组装调试的人员如下：施工方项目经理 1 名、施工方项目总工 1 名、厂家电气工程师 1 名、厂家液压工程师 2 名、厂家机械工程师 1 名、施工方项目部组装人员技术人员 20 名进行配合。

（4）组装调试工作设备。

设备组装、调试均在 TBM 设备组装场内进行，组装过程需要的主要设备见表 6－26 和表 6－27。

表 6－26　　组装调试主要设备表（方案一）

序号	设备名称	型号	数量
1	桥式起重机	70t	1
2	汽车起重机	20t	2
3	叉车	CPC3t	1
4	半拖车（6×4）		1
5	半挂车（60t）		2
6	步进机构		1

表 6－27　　组装调试主要设备表（方案二）

序号	设备名称	型号	数量
1	桥式起重机	30t	1

续表

序号	设备名称	型号	数量
2	汽车起重机	10t	2
3	叉车	CPC3t	1
4	半拖车（6×4）		1
5	半挂车（30t）		2
6	步进机构		1

其他安装调试过程与平洞 TBM 类似。

6.4.4.2　TBM 施工

1. 概述

本方案斜井直线段全长约 666m，TBM 设备掘进洞段为圆形断面，横断面直径根据所选 TBM 设备而定。斜井由斜井下弯段开始掘进，开挖至斜井上弯段终止，斜井设计角度 48°。斜井开挖段剖面图见图 6－43。

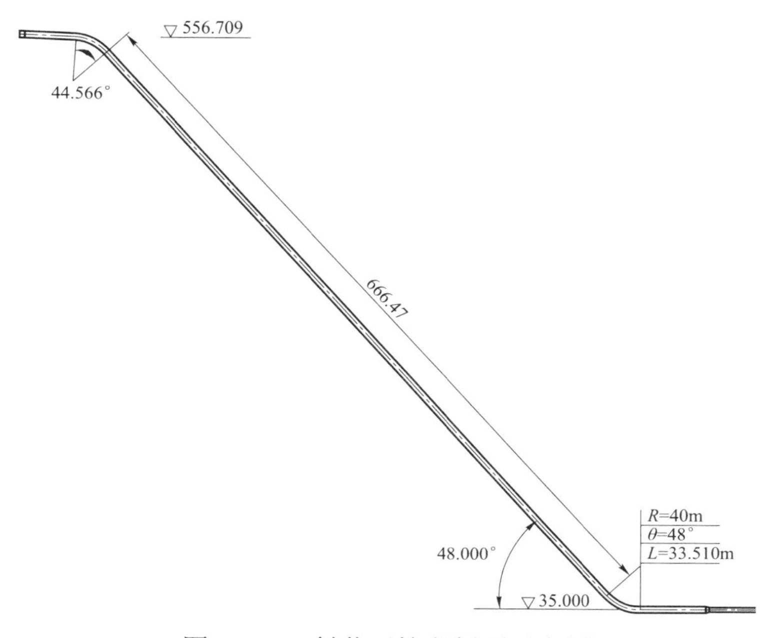

图 6－43　斜井开挖段剖面示意图

TBM 设备掘进施工段不同部位和不同围岩类别，初拟支护参数方案见表 6－14。对于断层（f_{11-23}）段，在施做初期支护以后，根据围岩观测情况进行二次钢筋混凝土衬砌或钢衬回填施工。

斜井 TBM 设备只负责斜井开挖，断层破碎带通过超前探测和预灌浆处理，开挖后的支护采用永久设计方案进行处理。此外始发洞段需要按照设计断面按照常规钻爆法预先开挖完成。斜井段方案一和方案二的施工特性汇总见表 6－28。

表 6－28　开挖特性汇总表

项　目		单位	方案一	方案二
工程特性	设计洞径	m	6.3	6.3
	长度	m	666.47	666.47
	围岩		石英二长岩为主	
	围岩类别		Ⅰ～Ⅲ类	
TBM 特性	直径	m	6.33	2.53
	设备功率	kW	3200	1150
TBM 开挖	石方洞挖（TBM 法）	m^3	19 559	3135
钻爆开挖	石方洞内扩挖	m^3	0	16 302

2. TBM 施工方法

斜井 TBM 掘进和开挖程序与平洞 TBM 基本一致，其出渣方式同反井法施工斜井基本一样。

6.4.4.3　拆卸和运输

当 TBM 设备完成掘进施工后，掘进上平段进行拆卸。TBM 设备的拆卸相对安装较为容易，在前期运输、安装经验的基础上，有计划、有组织、有安排的进行拆卸工作，以保证高效地拆除 TBM 设备过程中尽量保护设备各结构的完好性，便于设备各构件评估后的再利用，减少本工程的施工成本。

斜井 TBM 需在洞内拆除，其拆除前的拆卸洞室与安装洞一样，各项准备工作与洞内安装基本相似。具体拆卸步骤及程序与平洞 TBM 一致。

6.4.5　施工进度

1. 掘进速度的计算

根据本方案初拟的设备特性，结合工程地质条件拟定设备推进速度为 1.92m/h，据此按两班制工作（每班 10 小时），每月工作 25 天，掘进作业利用率按 40%、30%、20%、15%计算，在Ⅰ～Ⅲ类围岩条件下月综合进尺计算见表 6－29。

表 6－29　　　TBM 月综合进尺计算表

围岩分类	推进速度（m/h）	日工作小时（h）	月工作天数（天）	掘进作业利用率（%）	月综合进尺（m/月）
Ⅰ～Ⅲ	1.92	20	25	0.4	384
	1.92	20	25	0.3	288
	1.92	20	25	0.2	192
	1.92	20	25	0.15	144

2. 开挖工期计算

开挖总工期根据 TBM 设备在不同类别围岩的掘进速度进行计算。不同类别的围岩中，TBM 设备掘进时的推进速度、刀盘转速、刀盘推力不同，掘进时间也不同；不同直径的 TBM 掘进过程中，开挖面的临时支护、风（含通风）、水、电路延伸、设备调整等辅助掘进时间也不同；此外斜井 TBM 属于首次应用操作人员对设备的适应，以及设备对地质条件的适应过程均会影响掘进速度，因此应用斜井 TBM 开挖斜井时，其掘进作业利用率按低于平洞的掘进作业利用率考虑。本次估算斜井开挖工期时，方案一（全断面，直径 6.33m）：按月综合进尺 190m 计算（掘进作业利用率 20%），方案二（导井，直径 2.53m）按月综合进尺 140m 计算（掘进作业利用率 15%）则本方案施工工期计算见表 6－30。

表 6－30　　TBM 设备开挖工期分析表

项目	Ⅰ～Ⅲ类（含弯管段，m）	月综合进尺（m/月）	工期（月）
方案一	666（全断面，直径 6.33m）	190	3.5
方案二	666（导井，直径 2.53m）	140	4.8
	666（扩挖）	100	6.7

以此估算方案一，TBM 斜井开挖工期 3.5 个月，安装洞开挖支护 6 个月，设备安装工期 2 个月，设备拆卸转运工期 1.5 个月，总工期为 13.0 个月；方案二，TBM 斜井开挖总工期约 11.5 个月，设备安装工期 2 个月，设备拆卸转运工期 1.5 个月，安装洞开挖支护 3 个月，总工期为：18 个月。

3. 钢管安装及回填混凝土

引水系统初步拟定为全钢衬，钢管单节安装长度 6m，钢管安装按 40m/月计算，则方案一和方案二钢管安装及混凝土回填总工期为 18 个月。

6.4.5.1　TBM 全断面施工与导洞施工工期对比

引水系统施工总工期比较：

方案一（斜井 TBM 全断面施工）：从 TBM 安装洞开挖（引水下部施工支洞开挖完成）到引水系统钢衬安装完成总工期 31 个月。

方案二（斜井 TBM 施工导洞）：从 TBM 安装洞开挖（引水下部施工支洞开挖完成）到引水系统钢衬安装完成总工期 36 个月。

两方案总工期分析见表 6－31，总工期对比见图 6－44 和图 6－45。

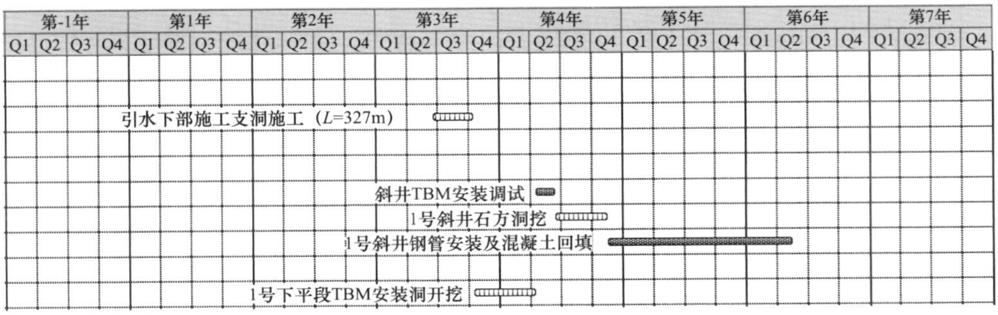

图 6－44　方案一斜井开挖工期

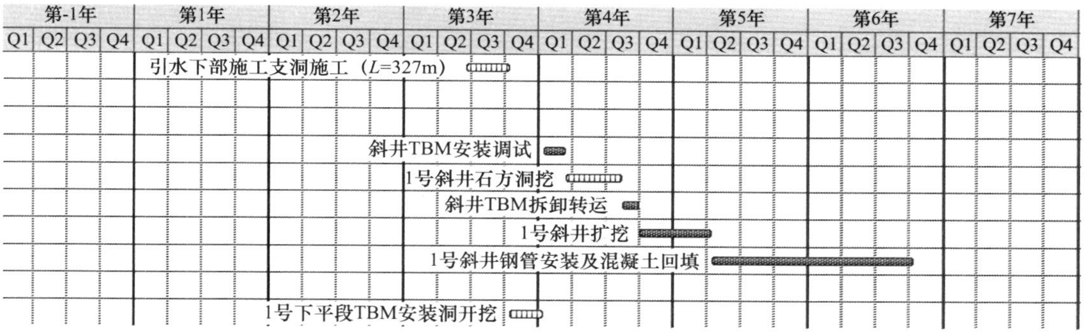

第-1年 第1年 第2年 第3年 第4年 第5年 第6年 第7年
引水下部施工支洞施工（L=327m）
斜井TBM安装调试
1号斜井石方洞挖
斜井TBM拆卸转运
1号斜井扩挖
1号斜井钢管安装及混凝土回填
1号下平段TBM安装洞开挖

图 6－45　方案二斜井开挖工期

表 6－31　　斜井 TBM 施工方案总工期分析表

项　　目	方案一	方案二
开挖直径（m）	6.2	6.2
开挖长度（m）	666	666
TBM 直径（mm）	6330	2530
安装洞开挖支护（月）	6	3
TBM 安装调试（月）	2	2
TBM 开挖（月）	3.5	4.8
人工扩挖（月）	0	6.7
TBM 拆运（月）	1.5	1.5
钢管安装及混凝土回填（月）	18	18
合计（月）	31	36

综上所述，抽水蓄能电站引水系统采用方案一和方案二施工，单个斜井施工总工期，方案一较方案二少 5 个月，但方案二采用小直径 TBM 其施工辅助工程量较小，设备重复利用率较高，对于抽水蓄能电站长斜井（400m 以上）施工较为有利，因此在引水系统不作为控制工程总工期的关键项目时，长斜井施工中采用方案二较为合理。

6.4.6 经济分析

1. 编制依据

抽水蓄能电站明挖、洞挖先进施工技术应用经济研究以文登抽水蓄能电站可研阶段概算投资为基础，价格水平为 2013 年 3 季度，主要编制依据：

（1）项目划分、费用标准按可再生定额〔2008〕5 号文颁布的《水电工程设计概算编制规定（2007 年版）》及《水电工程设计概算费用标准（2007 年版）》计取；

（2）可再生定额〔2009〕22 号关于颁布《水电工程设计概算编制规定（2007 年版）》第 1 号修改单的通知；

（3）可再生定额〔2008〕5 号文颁布的《水电建筑工程概算定额（2007 年版）》；原国家经济贸易委员会公告 2003 年第 38 号《水电设备安装工程概算定额（2003 年版）》；水电规造价〔2004〕0028 号《水电施工机械台时费定额（2004 年版）》；

（4）补充的 TBM 单价计算以水利部水总〔2014〕429 号文“关于发布《水利工程设计概（估）算编制规定》的通知”为主要编制原则；

（5）补充的 TBM 开挖及相关台时费部分单价执行水利部水总〔2007〕118 号文颁布的《水利工程概预算补充定额（掘进机施工隧洞工程）》及水利部水总〔2002〕116 号文颁布的《水利建筑工程概算定额》《水利工程施工机械台时费定额》；

（6）国家及山东省现行相关政策及文件；

（7）现阶段各专业提供的设计资料及工程图纸。

2. 斜井 TBM 设备台时费计算基本假定

（1）经询价，斜井 6.33m 直径的 TBM 设备总价为 6500 万元/台；斜井 2.53m 直径的 TBM 设备总价为 2000 万元/台；

（2）设备寿命期总运行公里数拟定为 30km，平均每月掘进长度为 400m，平均每月工作天数为 20d，平均每天工作时间 18h，由此推算得寿命台时为 27 000 台时；

（3）TBM 设备刀具消耗只与掘进工作量有关，与设备老化无关；

（4）设备残值率参考《全国统一施工机械台班费用编制规则》中的掘进机械的残值率为 5%；

（5）折旧费根据以上假定计算得出；

（6）修理及替换设备费按《水利工程概预算补充定额（掘进机施工隧洞工程）》中敞开式 TBM 设备（直径 6m）修理及替换设备费与折旧费的比例推算；

（7）机械台时二类费用参照定额计算。

3. 斜井石方开挖及临时工程编制方法

方案一敞开式 TBM 开挖选取《水利工程概预算补充定额（掘进机施工隧洞工程）》中直径 6m 单轴抗压强度 100～150MPa 的定额计算，比较方案直径 2.5m 敞开式 TBM 开挖选取 4m 单轴抗压强度 100～150MPa 的定额内插计算。TBM 安装调试及拆除选取相应定额单独计算投资。石方运输距离为洞内 1.8km，洞外 3km。

方案二在 TBM 开挖之外需导井法进行人工扩挖，其通风费用按 20 元/m^3 考虑。

TBM 工作时需要比钻爆法增加主机安装洞、下弯扩挖段、始发洞、主机拆卸洞等施工临时工程，均按照临时工程量和相应施工方法乘可研阶段价格水平的单价计算。两方案投资对比见表 6－32。

表 6－32　　工程概算对比表

序号	项目名称	单位	方案一	方案二
一	TBM 斜井开挖及人工扩挖段	万元	1054.42	701.71
二	主机安装洞	万元	265.93	117.25
三	下弯扩挖段	万元	411.29	102.83
四	始发洞段	万元	113.30	82.88
五	主机拆卸洞	万元	210.75	91.31
六	供电线路	万元	37.50	37.50
合计		万元	2093.19	1133.49

6.4.7　小结

通过对文登抽水蓄能电站拟定的长斜井（400m 以上）TBM 施工方案应用研究，与常规“反井钻”施工斜井相比，应用 TBM 施工，斜井施工辅助通道少，环境影响范围小，并且斜井 TBM 适用的开挖长度长，斜井施工精度可控，偏斜率小，施工速度快。

斜井 TBM 施工中，斜井 TBM 全断面开挖法与小直径斜井 TBM 开挖导洞法+人工扩挖相比，斜井 TBM 全断面开挖法设备单项投资较大，设备重复利用率低，而小直径斜井 TBM 开挖导洞法+人工扩挖法设备单项投资较少，设备重复利用率较高。

总之，在抽水蓄能电站长斜井施工中，斜井 TBM 施工方案是在目前已有的施工设备和施工技术水平下，对环境影响最小，且先进可靠的施工方案；其中小直径 TBM 开挖导洞法具有设备投入小，工程适应性强，设备重复利用率高等优点，是较为经济可行的施工法。

6.5　TBM 施工技术在抽水蓄能电站施工中的应用探讨

6.5.1　方案拟定及布置

通过对平洞 TBM 和斜井 TBM 施工技术应用分析，可根据不同型式 TBM 的应用要求，对抽水蓄能电站地下系统的结构设计进行调整，以满足 TBM 施工的需要。

按照采用 TBM 开挖交通洞、通风洞和引水斜井的原则，拟定地下系统的布置及结构设计方案见图 6－46 和图 6－47，相应的洞室开挖断面同 6.3.4 和 6.4.4。

按照常规施工方法拟定的地下系统布置见图 6－1 和图 6－2。

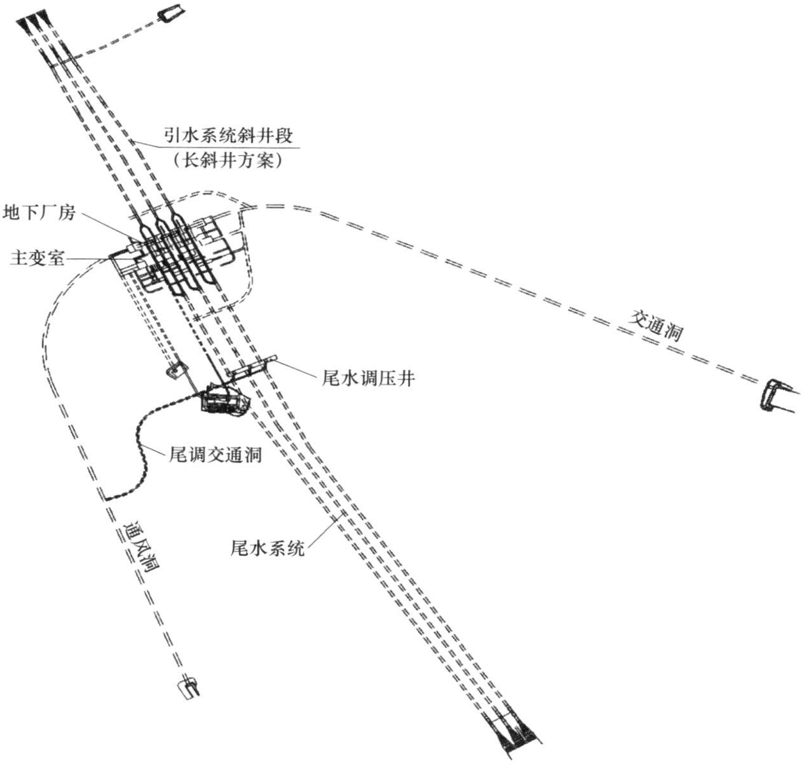

图 6－46　地下系统布置（方案二）

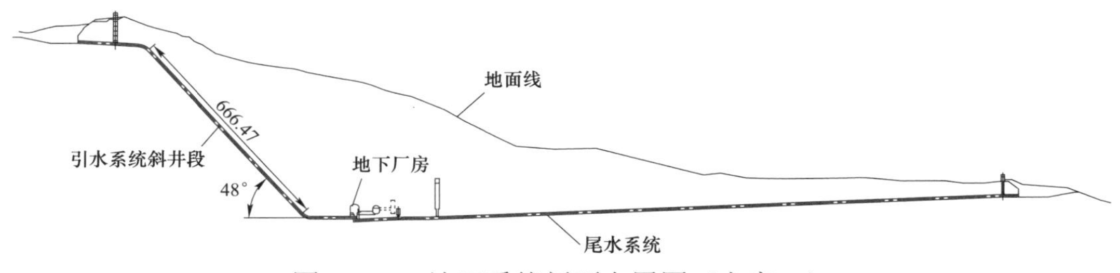

图 6－47　地下系统剖面布置图（方案二）

应用 TBM 施工的地下洞室布置方案与应用常规钻爆法施工的地下洞室布置方案主要布置差异为交通洞、通风洞、引水系统和尾水系统。两方案主要部位的结构布置特性见表 6－33。

表 6－33　　主要部位结构特性汇总表

项目	单位	常规钻爆施工方案	TBM 施工方案
交通洞	m	1147	1492
主变交通洞	m	123	123
通风洞	m	1333	1524
通风支洞	m	988	—
主变通风支洞	m	52	110
出线平洞	m	390	680
主变排风排烟洞	m	28	318
尾调交通洞	m	853	800
尾水隧洞	m	1399	1722.3
引水平洞	m	441	90
引水斜井	m	655	731
高压管道上层排水廊道	m	571	571
高压管道中层排水廊道	m	791	—
高压管道下层排水廊道	m	864.16	864.16

6.5.2　地质条件

地质条件同 6.3～6.4。

6.5.3　施工设备选型

地质条件同 6.3～6.4。

6.5.4　TBM 技术参数设计

交通洞、通风洞初步拟定的敞开式 TBM 设备技术参数见表 6－10，其主机设备布置见图 6－5。

斜井开挖分别采用小直径 TBM 开挖导洞法＋人工扩挖施工和全断面开挖，适于本方案的敞开式斜井 TBM 特性见表 6－25，其主机设备布置见图 6－32 和图 6－33。

6.5.5　施工组织设计

施工组织设计详见 6.3.4 和 6.4.4。

6.5.6　施工进度

方案一，交通洞、通风洞采用钻爆法施工工期为 16 个月。

方案二，根据 TBM 设备在各类围岩中的作业循环时间不同，对不同类别的围岩的掘进速度进行计算。此外不同类别的围岩中，TBM 设备掘进时的推进速度、刀盘转速、刀盘推力和扭矩不同，掘进时间和辅助掘进时间也不同，因此 TBM 在各类围岩中表现出的掘进速度也不同，以此推算的不同类别围岩的月掘进强度存在有较大的差异，综合考虑设备性能和类似工程实际掘进速度，本次拟定各类围岩中的掘进速度为：Ⅰ～Ⅲ类平均月进尺为 700m/月、Ⅳ类平均月进尺为 100m/月。由此计算本方案施工工期，其计算见表 6－34。

表 6－34　　TBM 设备施工工期表

项目	Ⅰ类	Ⅱ类	Ⅲ类	Ⅳ类	合计	工期（月）
通风洞口段			5.45	42.55	48	0.43
通风洞身段	827.94	570.48	69.56	30.94	1498.91	2.41
通风洞身段	203.02			11.48	214.50	0.40
厂房段	140				140	0.20
交通洞身段	377.87	867.86	122.81	157.95	1526.49	3.53
合计					3427.90	7.0

综合考虑文登工程地质条件和国内目前的施工水平，本方案通风洞交通洞开挖工期拟定为 5.0 个月，考虑 TBM 设备安装工期 2 个月，安装前的准备时间 1 个月，本方案通风洞交通洞开挖支护总工期 8 个月。

两方案地下厂房开挖和机电安装进度基本一致，施工总工期均为 70 个月。两方案交通洞通风洞开工之前的筹建准备时间为 8 个月，则方案一建设总工期为 94 个月，方案二建设总工期为 86 个月。两种不同施工方案工程筹建期（含准备期）进度见图 6－27 和图 6－28，建设总工期对比见表 6－21 和表 6－22。

方案一和方案二引水系统施工工期均满足工程首台机发电需要，其不作为控制工程总进度的关键性工程，其进度分析不再赘述。

抽水蓄能电站交通洞和通风洞以 TBM 施工法为主进行施工，可以利用 TBM 快速施工的特点，缩短工程建设总工期；斜井施工中利用 TBM 施工可以提高斜井施工工期的保证率，特别是长斜井施工中可以有效避免设备故障等随机事故的发生。通过对两方案的建设工期分析，应用 TBM 施工的地下系统布置方案其建设工期可缩短 8 个月，所以 TBM 在抽水蓄能电站施工中非常具有应用优势。

6.5.7　工程投资对比

6.5.7.1　编制依据

抽水蓄能电站明挖、洞挖先进施工技术应用经济研究以文登抽水蓄能电站可研阶段概算投资为基础，价格水平为2013年3季度，主要编制依据：

（1）项目划分、费用标准按可再生定额〔2008〕5号文颁布的《水电工程设计概算编制规定（2007年版）》及《水电工程设计概算费用标准（2007年版）》计取；

（2）可再生定额〔2009〕22号关于颁布《水电工程设计概算编制规定（2007年版）》第1号修改单的通知；

（3）可再生定额〔2008〕5号文颁布的《水电建筑工程概算定额（2007年版）》；原国家经济贸易委员会公告2003年第38号《水电设备安装工程概算定额（2003年版）》；水电规造价〔2004〕0028号《水电施工机械台时费定额（2004年版）》；

（4）补充的TBM单价计算以水利部水总〔2014〕429号文“关于发布《水利工程设计概（估）算编制规定》的通知”为主要编制原则；

（5）补充的TBM开挖及相关台时费部分单价执行水利部水总〔2007〕118号文颁布的《水利工程概预算补充定额（掘进机施工隧洞工程）》及水利部水总〔2002〕116号文颁布的《水利建筑工程概算定额》《水利工程施工机械台时费定额》；

（6）国家及山东省现行相关政策及文件；

（7）现阶段各专业提供的设计资料及工程图纸。

6.5.7.2　平洞 TBM 设备台时费计算基本假定

（1）经询价，平洞9m直径的TBM设备总价为15 000万元/台；

（2）设备使用情况拟定：设备寿命期总运行公里数拟定为 20km； TBM 设备刀具消耗只与掘进工作量有关，与设备老化无关；

（3）TBM 设备刀具消耗只与掘进工作量有关，与设备老化无关；

（4）设备残值率参考《全国统一施工机械台班费用编制规则》中的掘进机械的残值率为 5%；

（5）折旧费根据以上假定计算得出；

（6）修理及替换设备费按《水利工程概预算补充定额（掘进机施工隧洞工程）》中敞开式 TBM 设备（直径 9m）修理及替换设备费与折旧费的比例推算，运行公里数低于 20km 的按比例折减该费用；

（7）机械台时二类费用参照定额计算。

6.5.7.3 斜井 TBM 设备台时费计算基本假定

（1）经询价，斜井 2.53m 直径的 TBM 设备总价为 2000 万元/台；

（2）设备使用情况拟定：设备寿命期总运行公里数拟定为 20km；

（3）TBM 设备刀具消耗只与掘进工作量有关，与设备老化无关；

（4）设备残值率参考《全国统一施工机械台班费用编制规则》中的掘进机械的残值率为 5%；

（5）折旧费根据以上假定计算得出；

（6）修理及替换设备费按《水利工程概预算补充定额（掘进机施工隧洞工程）》中敞开式 TBM 设备（直径 2.5m）修理及替换设备费与折旧费的比例推算，运行公里数低于 20km 的按比例折减该费用；

（7）机械台时二类费用参照定额计算。

6.5.7.4 采用 TBM 开挖交通洞、通风洞和引水斜井编制方法

平洞直径 9.2m 石方开挖选取《水利工程概预算补充定额（掘进机施工隧洞工程）》中敞开式 TBM 掘进隧洞开挖直径 9m 的单轴抗压强度 100～150MPa 的定额计算，石方运输距离为洞内 0.3km，洞外 4.5km。

斜井直径2.5m石方开挖选取《水利工程概预算补充定额（掘进机施工隧洞工程）》中敞开式TBM掘进隧洞开挖直径4m的单轴抗压强度100～150MPa的定额内插计算，石方运输距离为洞内1.8km，洞外3km。

TBM工作时需要比原平洞钻爆法增加步进洞、始发洞段等施工临时工程，均按照设计提供工程量乘可研阶段价格水平的单价计算。TBM安装调试及拆除选取相应定额单独计算投资。

“钻爆法”设计概算，施工采用多臂钻施工。

6.5.7.5　投资对比表

方案二投资，斜井TBM和平洞TBM设备按总运行公里数均按20km摊销，工程总概算对比见表6-35。

表6-35　　工程总概算对比表（TBM施工方案）

编号	工程或费用名称	“TBM施工方案”设计概算（万元）	“钻爆法”设计概算（万元）
Ⅰ	枢纽工程	519 149.35	505 681.91
一	第一项　施工辅助工程	31 559.19	30 360.4
二	第二项　建筑工程	197 303.63	185 035.91
三	第三项　环境保护和水土保持工程	6928.55	6928.55
四	第四项　机电设备及安装工程	230 509.99	230 509.07
五	第五项　金属结构设备及安装工程	52 847.99	52 847.98
Ⅱ	建设征地和移民安置补偿费用	26 268.98	26 268.98
Ⅱ-1	水库淹没影响区补偿费用	6369.2	6369.2
Ⅱ-2	枢纽工程建设区补偿费用	19 899.78	19 899.78
Ⅲ	独立费用	99 960.9	98 861.97
一	项目建设管理费	38 789.97	37 758.37
二	生产准备费	8672.84	8672.84
三	科研勘测设计费	43 205.68	43 138.35

续表

编号	工程或费用名称	“TBM 施工方案”设计概算（万元）	“钻爆法”设计概算（万元）
四	其他税费	9292.41	9292.41
	Ⅰ、Ⅱ、Ⅲ部分合计	64 5379.28	630 812.92
Ⅳ	基本预备费	38 460.08	37 586.09
	工程静态投资（Ⅰ～Ⅳ 部分合计）	683 839.31	668 398.95
Ⅴ	价差预备费	55 146.45	61 429.58
Ⅵ	建设期利息	132 086.02	126 848.54
	工程总投资（Ⅰ～Ⅵ部分合计）	871 071.83	856 677.07
	与“钻爆法”施工投资差额	143 94.76	

6.5.8 财务分析

财务评价主要是根据国家现行财税制度，分析测算项目的实际收入和支出，考察其获利能力，贷款偿还能力等财务指标，以评价项目的财务可行性。

6.5.8.1 财务分析对比方案

文登抽水蓄能电站装机容量 1800MW（6×300MW），设计年发电量 27.101 亿 kWh，抽水用电量 36.135 亿 kWh。根据施工技术安排，本次财务评价对拟定的两个应用方案进行对比分析。财务评价依据国家颁发的《建设项目经济评价方法与参数》（第三版）和国家电力公司 1999 年 3 月以“国电计〔1999〕47 号文颁发的《抽水蓄能电站经济评价暂行办法实施细则》”进行。

6.5.8.2 资金筹措及贷款条件

本电站投资来源有以下两部分：

（1）资本金：资本金按电站动态总投资的 20%计算；

（2）电站投资的其余部分由国内银行贷款解决。

国内融资贷款实行统一贷款年利率，贷款期限在 5 年以上的贷款年利率采用可研阶段利率 6.55%。贷款宽限期为工程建设期，建设期利息计入本金，电站发电后每年按等本金直至还款结束。

6.5.8.3　费用计算

（1）总投资。

1）固定资产投资。

固定资产直接投资采用本次编制的概算中的静态投资与价差预备费之和。静态投资为建筑工程、机电设备购置费和安装费、金属结构设备购置费和安装费、临时工程、水库淹没补偿费、其他费用及基本预备费。

2）流动资金。

电站流动资金按 10 元/kW 估算，总计 1800 万元，其中 30%为自有资金，70%从银行贷款，流动资金贷款按照可研阶段利率 6.00%考虑。流动资金随机组投产投入使用，利息计入发电成本，本金在建设期末一次收回。

3）建设期利息。

建设期利息为固定资产投资在建设期（包括初期运行期）内所发生的利息。初期运行期内利息计入财务费用部分按电站初期运行期年发电量占正式投产后年发电量的比例计算。

（2）总成本费用。

发电总成本费用包括经营成本、折旧费、摊销费和利息支出，其中经营成本包括修理费、职工工资及福利费、劳保统筹、住房公积金、材料费、库区基金、水资源费和其他费用。

1）折旧费。

工程折旧费按电站的固定资产价值乘以综合折旧率计取。计入建设期利息后为工程的固定资产价值。综合折旧率取 4%。

2）修理费。

修理费按固定资产价值的 1.5%计算，其中 1.2%为固定修理费、0.3%为可变修理费。

3）职工工资及福利费、劳保统筹和住房基金。

参照已投入运行的抽水蓄能电站定员编制，本电站定员人数按 136 人计，人均年工资按 5 万元计算。职工福利等费率按 63%计算，具体组成为职工福利费 14%、工会经费 2%、职工教育经费 1.5%、养老保险费 20%、医疗保险费 9%、工伤保险费 1.5%、生育保险 1%、职工失业保险基金 2%、住房公积金 12%。

4）保险费。

保险费是指固定资产保险和其他保险，保险费率按固定资产价值的 2.5‰计算。

5）库区基金。

库区基金按厂供电量 0.008 元/kWh 征收。

6）水资源费。

根据《国家发展改革委、财政部、水利部关于中央直属和跨省水利工程水资源费征收标准及有关问题的通知》（发改价格〔2009〕1779）号，抽水蓄能发电用水暂免征收水资源费。因此，本次财务评价暂不考虑水资源费。

7）材料费和其他费用。

材料费定额取为 2 元/kW，其他费用定额取为 12 元/kW。

8）摊销费。

摊销费包括无形资产和递延资产的分期摊销。本次计算固定资产投资按全部形成固定资产考虑。

9）抽水电费。

2014 年 7 月 24 日，国家发改委颁发的“发改价格〔2014〕1763 号文件”《国家发展改革委关于完善抽水蓄能电站价格形成机制有关问题的通知》中指出：电网企业向抽水蓄能电站提供的抽水电量，电价按燃煤机组标杆上网电价的 75%执行。山东省燃煤机组标杆上网电价（含脱硫、脱硝、除尘电价）为 0.3949 元/kWh（含税），即文登抽水蓄能电站抽水电费为 0.3949 元/kWh（含税）。因此文登抽水蓄能电站抽水电价为 0.2531（不含税）。

10）利息支出。

利息支出为固定资产和流动资金在生产期应从成本中支付的借款利息，固定资产投资借款利息依各年还贷情况而不同。

发电总成本费用扣除折旧费及利息支出即为经营成本。

（3）税金。

税金应包括增值税、销售税金附加和所得税，其中增值税为价外税。本次计算的电价中不含增值税，仅作为计算销售税金附加的依据。增值税税率为 17%，在计算时应扣除成本中材料费和修理费的进项税额。

1）销售税金附加。

销售税金附加包括城市维护建设税和教育费附加，以增值税税额为计算基数。城市维护建设税为 7%，教育费附加为 5%（其中包括地方教育费附加 2%）。

2）所得税。

所得税为应纳税所得额的 25%，应纳税所得额等于发电销售收入扣除总成本费用和销售税金附加。根据 2008 年实施的《中华人民共和国企业所得税法实施条例》中规定：企业从事港口码头、机场、铁路、公路、城市公共交通、电力、水利等项目投资经营所得，自项目取得第一笔生产经营收入所属纳税年度起，给予“三免三减半”的优惠。因此，文登抽水蓄能电站享受所得税三免三减半的优惠政策。还贷期内，由于各年的发电利润不同，因而每年提取的所得税也不同。

6.5.8.4　上网容量电价和电量价格测算

本次财务评价按照个别成本法进行分析，采用控制全部投资财务内部收益的方法为基本方案。依据发改价格〔2014〕1763 号文件《国家发展改革委关于完善抽水蓄能电站价格形成机制有关问题的通知》，测算原则如下：

（1）准许收益按无风险收益率（长期国债利率）加 1%～3%的风险收益率核定。目前最新期五年国债利率为 4.67%，因此，基本方案中准许收益率（全部投资内部收益率）取为 8%。

（2）抽水蓄能电站实行两部制电价，即电量电价和容量电价：

电量电价：按当地燃煤机组标杆上网电价（含脱硫、脱销、除尘等环保电价）。根据《山东省物价局关于公布地方公用机组上网电价的通知》（鲁价格一发〔2017〕63 号）文件，自 2017 年 7 月 1 日起，山东省燃煤机组标杆上网电价（含脱硫、脱硝、除尘电价）调整为 0.3949 元/kWh（含税），即文登抽水蓄能电站的电量价格为 0.3949 元/kWh（含税，下同）。

容量价格：按照弥补抽水蓄能电站固定成本及准许收益的原则核定。本次容量价格测算，主要按照准许收益的原则。

根据以上计算原则和参数进行各方案测算比较计算结果见表 6－36。

表 6－36　　综合应用方案（斜井 TBM 开挖导洞）

编号	项　　目	单位	“钻爆法”施工方案	TBM 施工方案
1	总投资	万元	856 677	871 072
1.1	固定资产投资	万元	727 913	735 782
1.2	建设期利息	万元	126 964	133 490
1.3	流动资金	万元	1800	1800
2	上网电价	元/kWh		
2.1	上网容量价格	元/kW	685.56	704.39
2.2	上网电量价格	元/kWh	0.337	0.337
3	盈利能力指标			
3.1	投资利润率	%	9.85	10.01
3.2	投资利税率	%	14.09	14.23
3.3	资本金利润率	%	15.79	16.25
3.4	全部投资财务内部收益率	%	8	8

续表

编号	项　目	单位	“钻爆法”施工方案	TBM 施工方案
3.5	全部投资财务净现值	万元	0	0
3.6	资本金财务内部收益率	%	8.61	8.79
3.7	资本金财务净现值	万元	−23 011	−21 595
3.8	投资回收期	年	16.58	16.17

6.5.8.5 财务分析结论

通过对比分析，采用个别成本法，按全部投资内部收益率 8%控制，采用钻爆法施工项目容量价格为 685.56 元/kW，而交通洞通风洞和引水斜井均采用 TBM 施工方案后最低容量价格为 698.98 元/kW，其容量价格比采用钻爆法施工高，各方案财务指标对比见表 6－36。

6.5.9 小结

（1）TBM 应用于抽水蓄能电站通风洞、交通洞和斜井施工中可，提高工程整体机械化施工水平，TBM 施工安全快速工程计划建设工期与常规钻爆施工法相比将缩短 8 个月。

（2）通过 TBM 施工技术在抽水蓄能电站施工中的应用分析，在抽水蓄能电站隧洞开挖中，长斜井（直线长度 666m）施工中应用斜井 TBM 开挖导洞＋人工扩挖，其施工工期较快（36 个月），并且斜井施工中利用 TBM 施工可以提高斜井施工质量和工期的保证率。

（3）通过技术经济性比较分析，与常规“钻爆法”施工方案相比，采用 TBM 施工方案后，工程总投资有所增加（约 1.44 亿元），但工程建设总工期缩短较多（约 8 个月），工程施工机械化水平大幅提高，工期保证率增加，同时还增加了工程隧道开挖施工的本质安全性，并在提前获得容量效益方面也具有优势。

6.6 TBM 与钻爆法的经济性结论分析

（1）TBM 在抽水蓄能交通洞、通风洞施工中具有应用价值。

抽水蓄能电站交通洞、通风洞从布置形式上具备应用 TBM 施工的条件，常规的钻爆法虽然目前仍在采用，但随着今后劳动力数量和质量的变化，在隧洞内从事高强度劳动的数量会逐步减少，如果还继续采用常规的施工方法开挖隧洞，势必会出现用工荒，耽误工程正常的施工进度。

根据目前的材料、设备、劳动力价格水平分析，在单个抽水蓄能电站通风洞、交通洞采用 TBM 施工会增加工程投资，但考虑到我国抽水蓄能电站投资和建设模式的特点和 TBM 设备本身设计开挖里程长的优点，通过规模化的施工可降低工程投资。

（2）TBM 在抽水蓄能电站斜井施工中具有应用前景。

国外抽水蓄能电站由于考虑到劳动力成本，作业安全要求和施工过程中的环保要求等因素，其引水斜井均采用单坡度长斜井的设计方案并采用 TBM 进行施工。国内抽水蓄能电站引水斜井由于受施工设备技术性能的限制，在进行引水系统设计时会将引水斜井长度控制在 400m 以内，并且对于大于 400 的长斜井均会采用反井钻和爬罐法联合施工，其施工速度慢，工效低，而且斜井轴线精度不容易得到保证。应用先进的 TBM 施工技术则可以解决国内抽水蓄能电站长斜井的设计和施工问题，虽然会增加单项工程投资，但其在长斜井施工中偏斜控制精度高，作业安全风险低，施工速度快的优势是不可替代的。因此从世界抽水蓄能电站发展的方向和我国经济技术水平的发展速度来看，TBM 在抽水蓄能电站斜井设计和施工中具有非常大的应用前景。

（3）TBM 在抽水蓄能电站斜井施工中具有综合效益。

TBM 在抽水蓄能电站通风洞、交通洞、引水系统斜井施工中具备应用的技术条件，并具备一定的经济性，随着我国经济技术的快速增长和全社会对工程施工过程中安全环保意识的增强，TBM 技术必将替代常规的“钻爆法”施工。现在我国抽水蓄能电站已经处在建设的高峰期，并且国内 TBM 厂家已经具备设计制造平洞和斜井 TBM 的技术，这都为我们提供了一个在设计和施工中过程中应用 TBM 的条件。所以从提高国内抽水蓄能电站设计和施工水平以及促进国内 TBM 设计制造发展等方面分析，TBM 施工技术在抽水蓄能电站施工中具有很高的综合应用效益。

第7章

研究成果及建议

7.1 研究成果

（1）敞开式 TBM 适用于抽水蓄能电站交通洞通风洞Ⅰ～Ⅲ类围岩开挖施工，TBM 先进施工技术的应用不仅会缩短工程设计工期，还能提高隧洞开挖施工的本质安全性。TBM 施工作业面操作人员少（2～3 人），并且设备操作人员受教育程度高，对于隧洞开挖安全规章制度认识比较深刻，对安全制度执行和贯彻力度较大，从源头上可以有效控制安全事故发生的机率。

（2）斜井 TBM 适用于抽水蓄能电站，TBM 先进施工技术的应用不仅可以提高了国内抽水蓄能电站斜井开挖施工技术水平，还为国内抽水蓄能电站引水斜井设计提供了新的设计理念。目前由于受施工设备和施工技术水平限制，抽水蓄能电站长斜井遵循长洞短打的原则进行分段设计，斜井 TBM 的应用将改变这一设计原则，将完全按照设计需要进行斜井设计。

（3）抽水蓄能电站枢纽布置须在结构设计上结合 TBM 设备特性进行系统规划，结合不同抽水蓄能电站地质条件选择合适的设备型式和应用方案，以增强抽水蓄能电站施工的本质安全性。

（4）抽水蓄能电站隧洞勘测设计方式有利于 TBM 施工技术的应用。抽水蓄能电站隧洞路线设计不同于水利、铁路和市政工程隧道路线选择，国内抽水蓄能电站隧洞洞线都是通过对多方案地质勘查后，确定出的地质条件较好方案。最终确定的隧洞方案，还会通过详细的地质勘查，准确了解其沿线地质条件，所以对于 TBM 施工技术的应用非常有利。

总之，TBM 施工技术的应用可以提高国内抽水蓄能电站建设管理、工程设计和施工技术水平，可以促进国内 TBM 设计制造行业的发展，具有很高的综合应用效益。

7.2　应用建议

十八大以来国家对环境保护制定了严格的法律法规，要求全社会形成节约资源和保护环境的空间格局、产业结构、生产方式、生活方式。TBM 施工技术作为替代目前抽水蓄能电站钻爆施工技术的先进施工手段，具备了充分的应用条件，TBM 施工技术的应用将促进提高国内抽水蓄能行业的整体管理水平。

通过对文登抽水蓄能电站水道系统和地下厂房系统的布置分析，和对 TBM 设备的技术特性了解，TBM 施工技术具备在抽水蓄能电站交通洞、通风洞以及引水斜井施工中的技术条件；国内抽水蓄能电站现在正处于高速发展的建设期，这为先进施工技术的发展和应用提供了机遇；目前在抽水蓄能电站洞室开挖中急需解决工人安全风险管理问题、工程质量有效控制问题、工程施工进度问题，因此采取 TBM 开挖技术应用势在必行。

通过对 TBM 施工技术的应用分析，为进一步提高 TBM 在抽水蓄能电站施工中的综合效益和国内抽水蓄能电站建设、管理、设计、施工水平提出以下建议：

（1）依托实际应用项目，联合国内外优秀 TBM 厂家开发适合抽水蓄能电站结构特点的设备（机动、灵活、便于转运）；特别是针对抽水蓄能电站隧道数量多，长度短，断面型式多变的特点，针对性的开发长度短，转弯半径小，功能简捷的 TBM。

（2）在国内拟建的抽水蓄能电站中选择 1～2 个项目试点，针对应用平洞或斜井 TBM 施工技术进行地下洞室布置的应用研究，并在工程应用过程中进行评估，在技术经济得到充分验证的前提下，再进行全面推广，引领抽水蓄能电站向洞室开挖向无爆破施工或少爆破方向发展。

（3）发挥国内抽水蓄能电站开发的集团优势，对未来即将建设的抽水蓄能电站，进行 TBM 应用规划，统筹各项目开工时序，提高设备利用率。

参 考 文 献

［1］ 邱彬如. 抽水蓄能电站新发展［M］. 北京：中国电力出版社，2005.

［2］ 邱彬如，刘连希. 抽水蓄能电站工程技术［M］. 北京：中国电力出版社，2008.

［3］ 雷升详. 斜井 TBM 法施工技术［M］. 北京：中国铁道出版社，2012.

［4］ 魏文杰，王明胜，于丽. 敞开式 TBM 隧道施工应用技术［M］. 成都：西南交通大学出版社，2015.

［5］ 翟进营. “TBM 法导洞+扩挖”法在国外隧道工程中的应用［J］. 建筑机械，2010（5）：65-69.

［6］ 齐梦学. 硬岩掘进机（TBM）在我国隧道施工市场的推广应用［J］. 隧道建设，2014，34（11）：1019-1023.

［7］ 王梦恕. 中国盾构和掘进机隧道技术现状，存在的问题及发展思路［J］. 隧道建设，2014，34（3）：179-187.

［8］ 杜立杰. 中国 TBM 施工技术进展、挑战及对策［J］. 隧道建设，2017，37（9）：1063-1075.

［9］ 西脇芳文. 神流川発電所の計画と調査・設計の概要［J］.電力土木，1998（273）：20-25.

［10］ 伊藤金通，草野邦雄.TBMによる急傾斜水圧管路の導坑掘削——東京電力蛇尾川揚水発電所［J］. トンネルと地下，1989，1（12）：39-46.

［11］ 前島俊雄. 久保田克寿. 澁谷武弘，全断面 TBMによる神流川発電所水圧管路斜坑掘削［J］. Electric power civil engineering/電力土木技術協会，2002（297）：23-27.

［12］ 井上和敏. 大規模揚水発電所における設計と施工——小丸川発電所［J］. 建設の施工企画，2008（697）：27-31.

［13］ 西田孜，宮永佳晴，山田秋夫. TBMによる斜坑掘削の最終報告——電源開発下郷発電所工事［J］. 建設の機械化，1981（377）：23-30.

［14］ 赤松英樹，中野靖，川野泰. 葛野川ダムサイトにおける長大斜面の掘削［J］. Electric power civil engineering/電力土木技術協会，1997（270）：34-39.